高压设备检测技术

电力设备光学检测与诊断技术

彭兆裕 何顺 杨明昆 邱鹏锋 等 著

西南交通大学出版社
·成都·

图书在版编目（CIP）数据

电力设备光学检测与诊断技术 / 彭兆裕等著. —成都：西南交通大学出版社，2021.6
ISBN 978-7-5643-8090-8

Ⅰ. ①电… Ⅱ. ①彭… Ⅲ. ①电力设备 – 光学检验②电力设备 – 光学诊断 Ⅳ. ①TM4

中国版本图书馆 CIP 数据核字（2021）第 130007 号

电力设备光学检测与诊断技术

彭兆裕　何顺　杨明昆　邱鹏锋　等 / 著	责任编辑 / 李芳芳
	封面设计 / 吴　兵

西南交通大学出版社出版发行
（四川省成都市金牛区二环路北一段 111 号西南交通大学创新大厦 21 楼　610031）
发行部电话：028-87600564　　028-87600533
网址：http://www.xnjdcbs.com
印刷：四川煤田地质制图印务有限责任公司

成品尺寸　185 mm × 240 mm
印张　11　字数　225 千
版次　2021 年 6 月第 1 版　　印次　2021 年 6 月第 1 次

书号　ISBN 978-7-5643-8090-8
定价　75.00 元

图书如有印装质量问题　本社负责退换
版权所有　盗版必究　举报电话：028-87600562

《电力设备光学检测与诊断技术》
编 委 会

主要著者：彭兆裕　何　顺　杨明昆　邱鹏锋

其他著者：钱国超　周仿荣　王　欣　王　山　王泽朗　马宏明
　　　　　谭向宇　邹德旭　黑颖顿　周兴梅　崔志刚　文　刚
　　　　　代维菊　洪志湖　陈　伟　耿　浩　胡　锦　闵青云
　　　　　曹　俊　岳　丹　杨　舟　陈云浩　张　雄　王　韧
　　　　　孙再超　青　言　杨　坤　和晓辉　胡广富　严敬义
　　　　　孙灏若　徐腾波　崔起源　胡见平　付文诚　王文兵
　　　　　张乔石　赵熙靖　吴国天　杨凯越　史玉清　孙董军
　　　　　王浩州　洪　飞　朱　良　杨　猛　李　滔

前 言
PREFACE

电力系统是由发电厂、送变电线路、供配电所和用电等组成的电能生产与消费系统。它的功能是将自然界的一次能源通过发电动力装置转化成电能,再经输电、变电和配电将电能供应至各用户。为实现这一功能,电力系统在各个环节和不同层次还具有相应的信息与控制系统,对电能的生产过程进行测量、调节、控制、保护、通信和调度,以保证用户获得安全且优质的电能。作为电力系统中最为重要的组成部分,电力设备在长期高电压、强磁场、户外环境的综合作用下难以避免地会发生绝缘劣化和老化。准确地检测和评估电力设备运行状态是电力系统安全稳定运行的重要保障。随着光学检测的快速发展,电力设备光学检测与诊断技术成为了电力设备在线监测和故障诊断的重要分支。本书将系统地介绍不同光学检测技术的基本原理及其在电力设备检测中的应用。

本书针对电气设备局部放电、弧光放电等缺陷,从光学检测方法的角度,介绍了光学检测技术的发展、应用以及现有的光学检测手段,充SF_6电气设备局部放电光学检测方法,电气设备典型缺陷的光学检测原理;详细分析了电气设备现有光学检测方法现状及应用;最后对充SF_6电气设备局部放电多光谱检测技术在实验室及现场的检测案例进行了介绍。

本书可作为电网企业及设备厂家从事电气一次设备生产、管理、运行和试验的技术人员全面了解光学检测技术的专业书籍,同时可供电力企业相关专业技术人员参考。

由于编者水平所限,书中疏漏之处在所难免,恳请读者批评指正。

作 者
2021 年 4 月

目录
CONTENTS

1　绪　论 ……………………………………………………………………001

2　光学检测技术简介 …………………………………………………………008

3　电力设备光谱成像技术及应用 ……………………………………………014
　3.1　红外成像技术 ……………………………………………………………014
　3.2　紫外成像技术 ……………………………………………………………042
　3.3　可见光成像技术 …………………………………………………………054

4　电力设备光电传感技术及应用 ……………………………………………061
　4.1　紫外光辐射探测技术 ……………………………………………………061
　4.2　红外热释电探测技术 ……………………………………………………074
　4.3　光纤光栅测温技术 ………………………………………………………085

5　电力设备新型光谱检测技术 ………………………………………………094
　5.1　高光谱成像技术 …………………………………………………………094
　5.2　多光谱成像技术 …………………………………………………………115
　5.3　多光谱光电探测技术 ……………………………………………………119

6　图像信息处理及故障诊断 …………………………………………………136
　6.1　图像预处理技术 …………………………………………………………136
　6.2　图像信息提取技术 ………………………………………………………140
　6.3　图像故障识别技术 ………………………………………………………147

7 电力设备光学监测技术展望 ·············154
7.1 光电传感技术的发展趋势 ···········154
7.2 光谱成像技术的发展趋势 ···········158

参考文献 ························167

绪 论

光学既是物理学中一门古老的基础学科，又是当前科学研究中最活跃的前沿阵地。光学的发展过程是人类认识客观世界的进程中重要的组成部分之一，是不断揭露矛盾、克服困难，从不完全和不确切的认识逐步走向较完善和较确切认识的过程。它的不少规律和理论是直接从生产实践中总结出来的，有相当多的发现来自长期的系统的科学实验。因此，生产实践和科学实验是光学发展的源泉。光学的发展为生产技术提供了许多精密、快速、生动的实验手段和重要的理论依据；而生产技术的发展，又反过来不断向光学提出许多要求解决的新课题，并为进一步深入研究光学准备了物质条件。光学的发展大致可分为5个时期：萌芽时期，几何光学时期，波动光学时期，量子光学时期，现代光学时期。

1. 萌芽时期

中国古代对光的认识是和生产、生活实践紧密相连的。它起源于火的获得和光源的利用，以光学器具的发明、制造及应用为前提条件。根据古籍记载，中国古代对光的认识大多集中在光的直线传播、光的反射、大气光学、成像理论等多个方面。

早在战国时，《墨经》已记载了小孔成像的实验："光之人煦若射。下者之人也高，高者之人也下。足蔽下光，故成景于上；首蔽上光，故成景于下……"并指出小孔成倒像的根本原因是光的"煦若射"。《墨经》中记载："目以火见"，《礼记·仲尼燕居》中记载："譬如终夜有求于幽室之中，非烛何见？"，均明确指出人眼能看到东西的条件必须是光照，尤其值得注意的是，这些作者认为：光不是从眼睛里发出来的，而是从日、月、火焰等光源产生的。

中国古代由于金属冶炼技术的发展，铜镜在公元前2000年左右的齐家文化时期已经出现。后来随着技术的发展，古镜制作技术逐渐提高，应用范围逐渐扩大，种类也逐渐增多，出现了各种平面镜、凹面镜和凸面镜，甚至还制造出被国外称为魔镜的"透光镜"。

大气光学现象是中国古代光学最有成效的领域之一，早在周代由于占卜的需要，已建立了官方的观测机构，虽然他们的工作蒙上了一层神秘的色彩，但是对晕、虹、海市蜃楼、北极光等大气光学现象的观测与记载是长期、系统而又深入细致的，世所罕见。

关于成影现象，立竿见影是中国古代最早注意的问题，后来用此方法测影定向，并应用于确定墓穴和建筑物的方位上。

中国古代对光的认识除以上所述外，还有对折射现象，天然晶体的色散等方面的认知。明清时期，光学知识从西方传入后，还有了光学仪器的制作等，但这些认识是零散的、定性的，绝大多数均只停留在对光学现象的描写和记载上。

而在西方国家，从墨翟开始后的两千多年的漫长岁月构成了光学发展的萌芽时期，在此期间光学发展比较缓慢。罗马帝国的灭亡（公元475年）大体上标志着黑暗时代的开始，在此之后，欧洲在很长一段时间里科学发展缓慢，光学亦是如此。除了对光的直线传播、反射和折射等现象的观察和实验外，在生产和社会需要的推动下，光的反射和透镜的应用逐渐有了一些成果。克莱门德（Clemomedes）和托勒密（C.Ptolemy）研究了光的折射现象，最先测定了光通过两个介质面时的入射角和折射角。罗马哲学家塞涅卡（Seneca）指出充满水的玻璃泡具有强大功能。从阿拉伯的巴斯拉来到埃及的学者阿尔哈雷（Alhazen）反对欧几里得和托勒密关于眼睛发出光线才能看到物体的学说，认为光线来自所观察的物体，并且光是以球面形式从光源发出的；他发现反射和入射线共面且入射面垂直于界面，他研究了球面镜与抛物面镜，并详细描述了人眼的构造；他首先发明了凸透镜，并对凸透镜进行了实验研究，所得的结果接近于近代有关凸透镜的理论。培根（R.Bacon）提出透镜矫正视力和采用透镜组构成望远镜的可能性，并描述了透镜焦点的位置。阿玛蒂（Armati）发明了眼镜。波尔塔（G.B.D.Porta）研究了成像暗箱，并在1558年的论文《自然的魔法》中讨论了复合面镜以及凸透镜和凸透镜组的组合。综上所述，到15世纪末和16世纪初，凹面镜、凸面镜、透镜、暗箱和幻灯等光学元件已相继出现。

2. 几何光学时期

这一时期可以称为光学发展史上的转折点。在这个时期建立了光的反射定律和折射定律，奠定了几何光学的基础。同时为了提高人眼的观察能力，人们发明了光学仪器，第一架望远镜的诞生促进了天文学和航海事业的发展，显微镜的发明给生物学的研究提供了强有力的工具。

荷兰的利普塞在1608年发明了第一架望远镜。开普勒于1611年发表了他的著作《折光学》，提出照度定律，并设计了几种新型的望远镜，他还发现：当光以小角度入射到界面时，入射角和折射角近似地成正比关系。折射定律的精确公式则是由斯涅耳和笛卡儿提出。1621年斯涅耳在他的一篇文章中指出，入射角的余割和折射角的余割之比为常数，而笛卡儿在1637年在《折光学》中给出了用正弦函数表述的折射定律。接着，费马在1657年首先指出光在介质中传播时所走路程取极值的原理，并根据这个原理推出光的反射定律和折射定律。综上所述，到17世纪中叶，基本已奠定了几何光学的基础。

关于光的本性的概念，是以光的直线传播观念为基础的，但从17世纪开始，就发现有与光的直线传播不完全符合的事实。意大利人格里马第首先观察到光的衍射现象，接着胡克也观察到衍射现象，并且和波意耳独立地研究了薄膜所产生的彩色干涉条纹，这些都是光的波动理论的萌芽。

17世纪下半叶，牛顿和惠更斯等把光的研究引向进一步发展的道路。1672年牛顿完成了著名的三棱镜色散试验，并发现了牛顿圈（但最早发现牛顿圈的是胡克）。在发现这些现象的同时，牛顿于公元1704年出版的《光学》，提出了光是微粒流的理论，他认为这些微粒从光源飞出来。在真空或均匀物质内由于惯性而作匀速直线运动，并以此观点解释光的反射和折射定律，然而在解释牛顿圈时遇到了困难。同时，这种微粒流的假设也难以说明光在绕过障碍物之后所发生的衍射现象。惠更斯反对光的微粒说，1678年他在《论光》一书中从声和光的某些现象的相似性出发，认为光是在"以太"中传播的波。所谓"以太"则是一种假想的弹性媒质，充满于整个宇宙空间，光的传播取决于"以太"的弹性和密度。运用他的波动理论中的次波原理，惠更斯不仅成功地解释了反射和折射定律，还解释了方解石的双折射现象。但惠更斯没有把波动过程的特性给予足够的说明，他没有指出光现象的周期性，也没有提到波长的概念。他的次波包络面成为新的波面的理论，没有考虑到它们是由波动按一定的位相叠加造成的，归根到底仍旧摆脱不了几何光学的观念，因此不能由此说明光的干涉和衍射等有关光的波动本性的现象。与此相反，坚持微粒说的牛顿却从他发现的牛顿圈现象中确定光是周期性的。

综上所述，这一时期中，在以牛顿为代表的微粒说占统治地位的同时，由于相继发现了干涉、衍射和偏振等光的波动现象，以惠更斯为代表的波动说也初步被提出来，

1 绪 论

因而这个时期可认为是几何光学向波动光学过渡的时期,是人们对光的认识逐步深化的时期。

3. 波动光学时期

19世纪初,波动光学初步形成,其中托马斯·杨圆满地解释了"薄膜颜色"和双狭缝干涉现象。菲涅耳于1818年以杨氏干涉原理补充了惠更斯原理,由此形成了今天为人们所熟知的惠更斯-菲涅耳原理,用它可圆满地解释光的干涉和衍射现象,也能解释光的直线传播。

人们在进一步的研究中,观察到了光的偏振和偏振光的干涉现象。为了解释这些现象,菲涅耳假定光是一种在连续媒质(以太)中传播的横波。为说明光在各不同媒质中传播速度不同,又必须假定以太的特性在不同的物质中是不同的;在各向异性媒质中还需要有更复杂的假设。此外,还必须给以太更特殊的性质才能解释光不是纵波。如此性质的以太是难以想象的。

1846年,法拉第发现了光的振动面在磁场中发生旋转;1856年,韦伯发现光在真空中的速度等于电流强度的电磁单位与静电单位的比值。他们的发现表明光学现象与磁学、电学现象间存在一定的内在关系。1860年前后,麦克斯韦指出,电场和磁场的改变,不能局限于空间的某一部分,而是以等于电流的电磁单位与静电单位的比值大小的速度传播着,光就是这样一种电磁现象。这个结论在1888年被赫兹的实验证实。

然而,这样的理论还不能说明能产生像光这样高的频率的电振子的性质,也无法解释光的色散现象。到了1896年,洛伦兹创立电子论才解释了发光和物质吸收光的现象,也解释了光在物质中传播的各种特点,包括对色散现象的解释。在洛伦兹的理论中,以太乃是广袤无限的不动媒质,其唯一特点是,在这种媒质中光振动具有一定的传播速度。

对于类似"炽热的黑体的辐射中能量按波长分布"这样重要的问题,洛伦兹理论尚且不能给出令人满意的解释。如果认为洛伦兹关于以太的概念是正确的,就可将不动的以太选作参照系,使人们能区别出绝对运动。而事实上,1887年迈克耳逊用干涉仪测"以太风",得到否定的结果,这表明到了洛伦兹电子论时期,人们对光的本性认识仍存在不少片面性。

光的电磁论在整个物理学的发展中起着很重要的作用,它指出光恶化电磁现象的一致性,并且证明了各种自然现象之间存在着相互联系这一辩证唯物论的基本原理,使人们在认识光的本性方面向前迈进了一大步。

在此期间,人们还用多种实验方法对光速进行多次测定。1849年斐索（A.H.L.Fizeau,1819—1896）运用了旋转齿轮的方法及 1862 年傅科（J.L.Foucault,1819—1868）使用旋转镜法测定了光在各种不同介质中的传播速度。

4．量子光学时期

19 世纪末到 20 世纪初,光学的研究深入光的发生、光和物质相互作用的微观机制中。光的电磁理论的主要困难在于无法解释光和物质相互作用的某些现象,例如,炽热黑体辐射中能量按波长分布的问题,特别是 1887 年赫兹发现的光电效应。

1900 年,普朗克从物质的分子结构理论中借用不连续性的概念,提出了辐射的量子论。他认为各种频率的电磁波,包括光,只能以各自确定分量的能量从振子中射出,这种能量微粒称为量子,光的量子称为光子。量子论不仅可以较自然地解释了黑体辐射能量按波长分布的规律,而且以全新的方式提出了光与物质相互作用的整个问题。量子论不但给光学,也为整个物理学提出了新的概念,所以通常把它的诞生视为近代物理学的起点。

1905 年,爱因斯坦运用量子论解释了光电效应。他给光子做了十分明确的解释,特别指出光与物质相互作用时,光也是以光子为最小单位进行的。 1905 年 9 月,德国《物理学年鉴》发表了爱因斯坦的《关于运动媒质的电动力学》一文。第一次提出了狭义相对论基本原理,文中指出:从伽利略和牛顿时代以来占统治地位的经典物理学,其应用范围只限于速度远远小于光速的情况,而他的新理论可解释与很大运动速度相关的运动过程的特征,根本放弃了以太的概念,圆满地解释了运动物体的光学现象。

在 20 世纪初,一方面从光的干涉、衍射、偏振以及运动物体的光学现象确证了光是电磁波;而另一方面又从热辐射、光电效应、光压以及光的化学作用等方面证明了光的量子性——微粒性。光和一切微观粒子都具有波粒二象性,这个认识促进了原子核和粒子研究的发展,也推动人们进一步探索光和物质的本质,包括实物和场的本质问题。为了更清晰认识光的本性,人们还需要不断探索,不断前进。

5．现代光学时期

从 20 世纪中叶起,随着新技术的出现,新的理论也在不断发展,已逐步形成了许多新的分支学科或边缘学科，光学的应用十分广泛。几何光学是为设计各种光学仪器而发展起来的专门学科。随着科学技术的进步，物理光学也越来越显示出它的威力，例如，光的干涉目前仍是精密测量中无可替代的手段，衍射光栅则是重要的分光仪器，光谱在人类认识物质的微观结构（如原子结构、分子结构等）方面起到关键性的作用，人们把数学、信息论与光的衍射结合起来，发展起一门新的学科——傅里叶光学，并把它应用到信息处理、像质评价、光学计算等技术中。特别是激光的发明，可以说是光学发展史上的一个革命性里程碑。由于激光具有强度大、单色性好、方向性强等一系列独特的性能，自问世以来，其很快被运用到材料加工、精密测量、通信、测距、全息检测、医疗、农业等极为广泛的技术领域。此外，激光还应用于同位素分离和储化、信息处理、受控核聚变以及军事等方面。

20 世纪中叶，特别是激光问世以后，光学开始进入一个新的时期，并成为了现代物理学和现代科学技术前沿的重要组成部分。其中最重要的成就是发现了爱因斯坦于 1916 年预言过的原子和分子的受激辐射，并且研发了许多有关产生受激辐射的技术。爱因斯坦研究辐射时指出，在一定条件下，如果能使受激辐射继续去激发其他粒子，造成连锁反应，雪崩似地获得放大效果，最后可得到单色性极强的辐射，即激光。1960 年，梅曼用红宝石制成第一台可见光的激光器，同年制成氦氖激光器；1962 年产生了半导体激光器；1963 年产生了可调谐染料激光器。自激光 1958 年被发现以来，由于其具有极好的单色性、高亮度和良好的方向性，所以得到了迅速的发展和广泛应用，引起了科学技术的重大变化。

光学的另一个重要的分支由成像光学、全息术和光学信息处理环节组成。这一分支最早可追溯到 1873 年阿贝提出的显微镜成像理论，并于 1906 年由波特完成实验验证；1935 年泽尔尼克提出位相反衬观察法，并依此由蔡司工厂制成相衬显微镜，为此他获得了 1953 年诺贝尔物理学奖；1948 年伽柏提出了现代全息照相术的前身——波阵面再现原理，为此，伽柏获得了 1971 年诺贝尔物理学奖。

自 20 世纪 50 年代以来，人们开始把数学、电子技术和通信理论与光学结合起来，为光学引入了频谱、空间滤波、载波、线性变换及相关运算等概念，更新了经典成像光学，形成了所谓"傅里叶光学"。再加上由于激光所提供的相干光和由利思及阿帕特内克斯改进了的全息术，形成了一个新的学科领域——光学信息处理。光纤通信就是依据这方面理论的重要成就，它为信息传输和处理提供了崭新的技术。

1 绪 论

在现代光学发展中，由强激光产生的非线性光学现象正被越来越多的人所注意。激光光谱学的出现（包括激光喇曼光谱学、高分辨率光谱和皮秒超短脉冲以及可调谐激光技术），已使传统的光谱学发生了很大的变化，成为深入研究物质微观结构、运动规律及能量转换机制的重要手段之一。它为凝聚态物理学、分子生物学和化学的动态过程的研究提供了前所未有的技术。

总之，现代光学和其他学科与技术的结合，在人们的生产和生活中发挥着日益重大的作用和影响，正在成为人们认识自然、改造自然以及提高劳动生产率的强有力的工具。

光学检测技术简介

光是一个物理学名词，其本质是一种处于特定频段的光子流。光源发出光，是因为光源中的电子获得额外能量。如果能量不足使其跃迁到更外层的轨道，电子就会进行加速运动，并以波的形式释放能量。如果跃迁之后刚好填补了所在轨道的空位，从激发态到达稳定态，电子就会停止跃迁。否则电子会再次跃迁回之前的轨道，并且以波的形式释放能量。光是一种可以反映物质微观本质的物理现象，它可以用物体与背景波长的差异性为物体成像，例如红外成像技术、紫外成像技术、高光谱成像技术等。

当电力设备或构成电力设备的绝缘材料出现故障（例如局部放电、异常发热、绝缘材料老化劣化）时，其吸收光谱、发射光谱、散射光谱会发生变化。基于这种光谱的变化，许多光学检测方法应运而生，以保障电力设备能够长期安全稳定地运行。

当电力设备发生异常发热时，可利用红外成像技术（见图 2-1）或红外热释电技术对其进行检测。红外成像技术主要指利用红外成像原理完成对被检测设备表面的温度分布情况信息的提取，并通过图像信息的处理分析，得到有用的信息结果。同时，红外成像技术具有非接触远距离的高安全性、高精准性以及操作方便快捷的工作优点。利用红外成像技术的工作特点，对电气设备进行红外图像采集，通过对所采集图像进行分析，判断识别该电气设备是否出现故障缺陷。波长在 0.38~0.78 μm，人眼所能感知的电磁波谱部分即为可见光，但实际生产生活中，物体所产生的温度辐射的波长并不在可见光的波长范围内。一般情况下，实际物体的辐射亮度很低，人眼很难识别出来。因此为了更方便直观地获取物体能量辐射的情况，我们将借助红外热像仪采集所需测量物体的温度信息。简言之，红外热像技术所做的工作为：将物体发出的不可见红外能量转变为可见的彩色热图像。其中，彩色在热图像上为"假彩色"，不是物体的实际颜色，不同颜色代表被测物体温度的不同。通过直观查看热图像的颜色，可得到被测物体的整体温度分布信息，可对被测物体进行发热情况的分析，从而为进行下一步工作的判断做准备。

2 光学检测技术简介

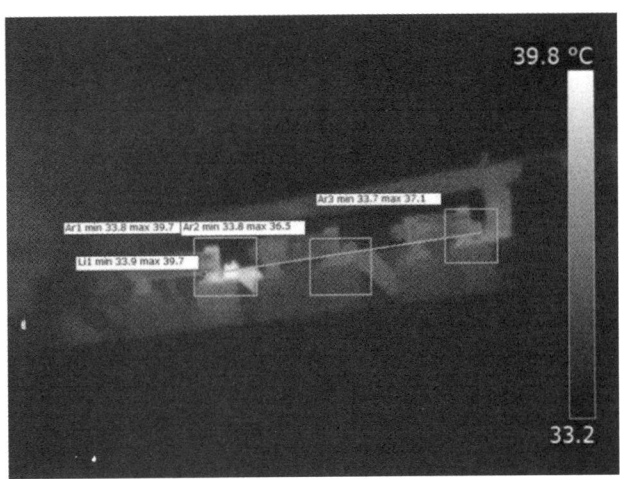

图 2-1 红外成像法效果图

红外热释电技术是指利用某种具有自发式极化现象的晶体材料其极化强度随表面温度变化所产生的电荷释放现象。当该晶体表面冷却或受热后,晶体自发式极化强度会因表面温度的变化而发生改变,从而导致其在某一特定方向上出现极化电荷。在宏观上表现为:温度的变化使得晶体的两个表面出现电流或产生电压。换言之,红外热释电技术是通过检测待测电力设备的温度再转换成热释电电流,进而被热释电传感器接收,最后系统终端对该电流进行数据处理,指示运维人员进行维护。

当电力设备外绝缘出现电晕放电时,往往可通过紫外成像(见图 2-2)的方法寻找故障的位置。紫外成像技术是利用特殊的仪器接受电晕放电产生的紫外信号,经处理后成像并与可见光图像叠加,达到确定电晕位置和强度的目的,从而为进一步评价设备的运行情况提供依据。在电晕和表面局部放电的过程中,放电部位将辐射大量紫外线,紫外成像法是指利用检测电晕和局部放电中产生的紫外线间接评估运行设备的绝缘状况并及时发现设备的绝缘缺陷。所谓紫外检测技术是指对电气设备的电晕放电及表面的局部放电情况进行有效检测,通过紫外放电技术可及时地发现电晕等微弱放电缺陷,也可发现放电能量过高的问题,以保护电网正常运行。如今,供电系统的规模在逐渐增大,对负荷电力的要求也越来越高,由于高压设备的损害可能导致故障的产生,从而使得绝缘性有效降低,放电以及电晕辐射大量紫外线。

对于传统的成像技术来说,大多是对某些单一波段下的特征进行分析,对于固体绝缘材料而言,比如输电线路中起机械支撑和电气绝缘的绝缘子,在紫外光、红外光和可见光宽波段下没有明显变化。绝缘子是高压输电线路中重要的机械支撑和电气绝缘设备,由于其长期处于户外开放环境中,因此绝缘子表面将不可避免地与空气中各种污秽颗粒的接触而造成绝缘子表面积污。

2 光学检测技术简介

图 2-2 紫外成像法效果图

为了增加检测的光谱分辨率以及波段维度，多光谱成像技术和高光谱成像技术应运而生。该技术的重要优点之一是可以获取图像中每个像素的反射率、吸收光谱或荧光光谱，研究电磁学理论下，不同的物理结构和化学成分通常具有不同的光谱特征，这些特征通常是由材料和电磁波之间的相互作用产生的，如电子跃迁、原子和分子的振动或旋转。因此，光谱成像技术可用于检测传统灰度或彩色成像方法无法识别的物体物理、化学特性变化。

多光谱成像系统通常在少数和相对不连续的宽光谱波段中收集数据，通常以微米或几十微米为单位测量，选择这些光谱波段是为了收集光谱中特定部分的强度，并针对这些波段中最明显的某些类别的信息进行优化。高光谱系统可以收集数百个光谱波段，而超光谱成像系统可以收集更多。图 2-3 所示为高光谱成像系统获得的三维数据立方概念，其中包含了二维的空间坐标和一维的光谱坐标（即数据立方体深度是关于波长的函数）。

利用多光谱或者高光谱成像技术（见图 2-4），可对电力设备上的绝缘材料的老化劣化情况进行探测。由于在高电压场、强磁场、机械应力以及自然环境的长期综合作用下，电力设备上的绝缘材料会不可避免地发生不同程度的劣化，宏观上表现为绝缘材料褪色、表面受污、主体破损等现象，在微观上表现为化学成分和微观物理结构发生改变。利用电磁波与不同状态下绝缘材料相互作用所表现出的光谱特征相结合的高光谱成像图谱合一的技术特点，可以实现电力设备绝缘状态高光谱成像诊断。高光谱成像技术在污秽状态评估中具有抗电磁干扰能力强、非接触式原位测量、高置信度以及可视化的优势，可实现绝缘子污秽状态的精细化诊断和故障可视化，以弥补现有检测技术的局限性。

2　光学检测技术简介

图 2-3　高光谱数据立方

图 2-4　高光谱成像技术示意图

2 光学检测技术简介

上述传统成像技术以及高光谱成像技术实际上仅是前端技术,对于拍下来的照片还需要通过图像信息处理技术(见图2-5)进行处理才可对电力设备进行成像的可视化处理。

局部放电的测量是以局部放电所产生的各种现象为依据,通过可表述该现象的物理量表征局部放电的状态。局部放电的过程除了伴随着电荷的转移和电能的损耗之外还会产生电磁辐射、超声波、发光、发热,以及出现新的生成物等。因此与这些现象相对应,局部放电的检测方法可分为电气测量法和非电测量法两大类。非电测量法主要包括超声波检测法、光测法、红外检测法、化学检测法等。这些方法的优点是在测量中不受电气的干扰,其抗干扰能力强。

光测法是利用局部放电(简称局放)产生的光辐射作为测量依据。通过局部放电光脉冲本身或光电转换后,可进行局部放电光谱分析、局放光脉冲检测(单个和序列)、局放定位、电气绝缘老化机理以及局放电磁波传播特性等各种研究,从而以不同角度深入理解局部放电机理。

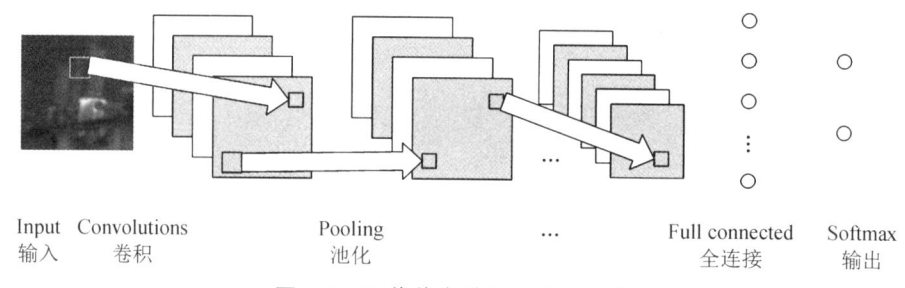

图 2-5 图像信息处理技术示意图

然而电力设备实际运行工况中常伴随着不定期的电磁和噪声干扰,这对以电磁波和声波为对象的检测方法带来了巨大的挑战。光测法是一种以放电光辐射为检测对象的方法,由于光辐射发生在放电发展中场致发射、电离、附着、复合和消散的全过程,因此光测法作为一种本征和直观的表征手段,在局部放电检测中具有独特的技术优势:

(1)光传播和耦合过程几乎不受电磁波和声波干扰影响,测量结果具有极高的置信度;

(2)局部放电光谱能够反映电子温度、激发截面和发展模态等微观信息,可利用光谱特征对放电机制和绝缘劣化程度进行深入分析;

(3)将放电统计信息和光谱信息相结合,不但能判断放电类型,还能反映放电强弱(能量)。

到目前为止,已有不少学者对放电的光学检测展开研究,然而该方法只局限于实验室中展示。这是由于传统的放电光学检测方法受器件性能因素的影响,其主要依靠单光谱进行检测,这种方法有一个致命的缺点,即传感器所检测的放电光学信号会随着电力设备内放电的位置与传感器的距离的变化而发生改变,这将导致传感器所检测出的光学信号在现场不具有任何实际意义。实际上,放电所辐射出的光谱会与放电程度以及放电特征密切相关。不同形态以及不同特征的放电辐射光谱会有明显差异,也意味着其辐射出的光谱成分会发生变化,基于此,诞生了多光谱放电检测技术(见图2-6)。

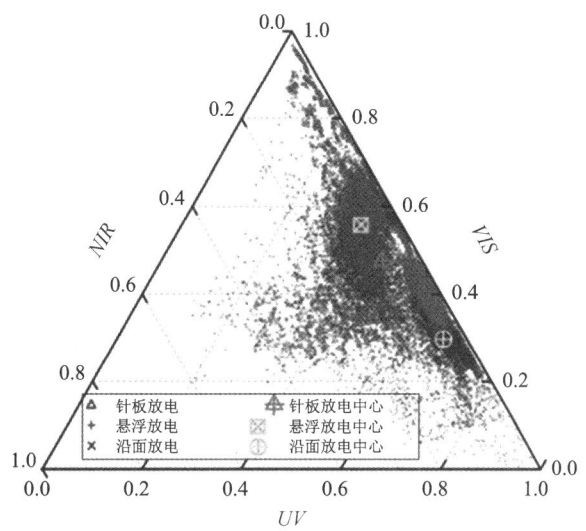

图 2-6　多光谱放电检测技术

绝缘材料出现老化劣化是导致系统发生故障的原因之一,光谱也可以用来对材料的特性进行分析研究,例如拉曼光谱以及紫外荧光光谱。

综上所述,光学检测方法在电力设备中已有广泛应用,并且也有一定的理论及物理基础做支撑。在接下来的章节里,将对这些方法详细介绍。

PART THREE

电力设备光谱成像技术及应用

3.1 红外成像技术

3.1.1 成像原理及装置

1672 年,英国物理学家艾斯克·牛顿让一束太阳光(白光)穿过狭缝,照射到三棱镜上,在三棱镜另一侧的白屏上观察到一条彩色的光带,光带的单色光顺序依次是红、橙、黄、绿、青、蓝、紫,该实验第一次证实了太阳光(白光)是由各种颜色的光复合而成,这也奠定了光谱学的基础。1800 年,另一位英国物理学家 F.W.赫胥尔在研究各色光温度时,偶然发现放在光带红光外的温度计示数比其他色光的示数要高。经过反复实验确认,该温度示数最高的区域始终位于光带最边缘红光的外侧,F.W.赫胥尔宣布:太阳发出的辐射中除了人类可见的七色光外,还有一种人肉眼无法观察到的"热线",这种"热线"位于红色光外侧,因此被称为"红外线"或"红外光"。随着光谱学的进一步发展,科学家对红外光有了更准确的定义,红外光是波长为 0.78~1 000 μm 的电磁波,其中波长为 0.78~1.5 μm 的部分称为近红外,波长在 1.5~10 μm 的部分称为中红外,波长在 10~1 000 μm 的部分称为远红外,而波长在 2.0~1 000 μm 的部分又称为热红外。

红外光是自然界中存在最为广泛的一种电磁波辐射,它在电磁波连续频谱中位于无线电波与可见光之间,物质在常规环境下自身分子和原子的无规则运动将伴随着红外光的辐射,分子和原子的运动越剧烈(宏观上表现为温度越高),辐射的能量将越大。简而言之,自然界中任何物体的温度若高于绝对零度(-273 ℃),则该物体都随时辐射红外,而红外辐射将伴随着与物体相关的温度特征信息。热辐射的产生和传播遵循以下热辐射规律。

1. 普朗克黑体辐射定律

在任意温度 $T\,℃$ 下,从黑体中发射出的电磁辐射的辐射率 $u(T)$ 与波长 λ 存在如下关系:

$$u(T) = 3.74 \times 10^8 \lambda^{-5} (e^{1.44 \times 10^4 / \lambda T} - 1)^{-1} \qquad (3-1)$$

式中，$u(T)$ 为黑体在特定波长 λ（μm）下每单位和每立体角的亮度，$W \cdot cm^{-2} \cdot \mu m^{-1} \cdot sr^{-1}$；$T$ 为黑体温度，K。

2．斯特藩-玻耳兹曼定律

单位面积的黑体在单位时间内所辐射的总功率 W_b 与黑体温度 T 的四次方成正比。

$$W_b = \int_0^\infty u(T) d\lambda = 5.669\ 7 \times 10^{-8} \varepsilon T^4 \qquad (3-2)$$

式中，W_b 为总辐射功率，W/m^2；ε 为辐射系数，电力设备常用材料的辐射系数如表3-1所示。

表3-1　电力设备常用材料的辐射系数

材料	表面状态	目标温度/K	辐射系数 ε
铝	高度抛光	300	0.039~0.057
		373.15	0.09
	严重氧化	300	0.2~0.31
		366.15	0.2
	阳极化处理	300	0.77
	粗糙	300	0.07
	附着油漆	300	0.27~0.67
铸铁	未氧化	273.15	0.21
	严重氧化	377.15 523.15	0.95
铁	未氧化	373.15	0.05
	氧化	373.15	0.74
	抛光处理	311.15	0.28
铜	氧化	311.15	0.87
	抛光处理	311.15	0.03
	粗糙	311.15	0.74
低碳钢	抛光处理	297.15	0.10
陶瓷	上釉处理	294.15	0.45~0.69
灰色大理石	抛光处理	311.15	0.75
硅橡胶	柔软	300	0.86

3. 维恩位移定律

辐射光谱峰值对应的波长与黑体温度存在以下对应关系：

$$\lambda_m T = 2\,897.7\ \mu m \cdot K \tag{3-3}$$

由于物体与环境、物体自身不同区域之间可能会存在温度差，故对应的辐射红外光强度存在差异，可以利用红外探测器获得表征红外光强度的红外图像，也称作热图像。与可见光图像不同的是，热图像描绘的并不是物体纹理特征，而是目标表面的温度分布，运用这一方法可以实现对目标物体进行远距离的温度测量和分析。

基于上述原理，红外热成像技术采集到物体表面温度的空间分布后通过光电转换和数据处理，传至显示屏上即可得到与物体表面热分布相对应的热图像或视频。红外热成像仪采集物体发出的热辐射，并将其转换为温度分布图像的过程可以描述为如图 3-1 所示模型，其展示了热辐射信号通过光学系统、采样系统和探测器转换为电信号和像素值的过程。

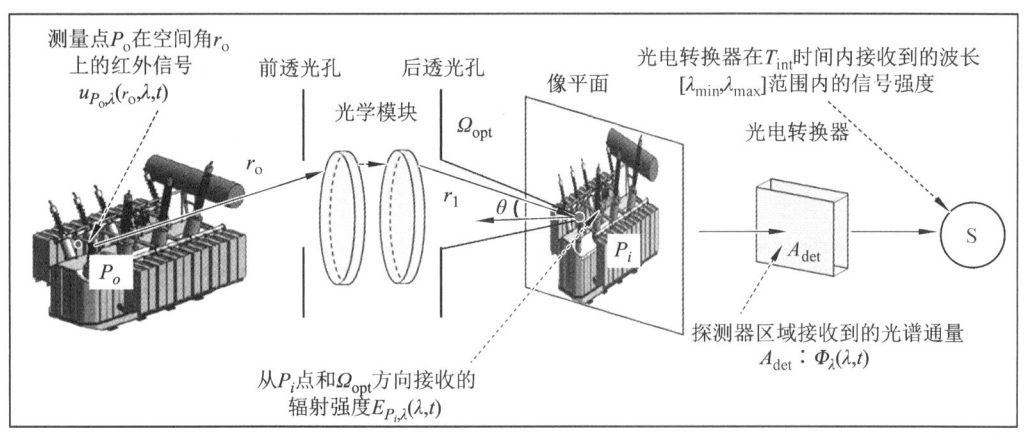

图 3-1　热辐射转化为电信号的过程

在图 3-1 中，$u_{P_o,\lambda}(r_o,\lambda,t)$ 是 t 时刻 P_o 点在 r_o 方向上的红外信号；$E_{P_i,\lambda}(\lambda,t)$ 是 t 时刻通过后透光孔与 P_o 对应的点 P_i 在 r_i 方向和 Ω_{opt} 空间角的光辐射信号；$E_{P_i,\lambda}(\lambda,t)$ 的计算方法如下所示：

$$E_{P_i,\lambda}(\lambda,t) = \int_{r_i \in \Omega_{opt}} u_{P_i,\lambda}(r_i,\lambda,t)\cos(\theta)\mathrm{d}\Omega_{opt} \tag{3-4}$$

式中，θ 为 r_i 方向与光轴的夹角。

$\phi_\lambda(\lambda,t)$ 为检测器区域 A_{det} 接收到的光谱通量，S 为在 T_{int} 时间内经过积分后的检测器输出在光谱范围 $[\lambda_{min}, \lambda_{max}]$ 内的电信号。

$$\phi_\lambda(\lambda,t) = \int_{P_i \in A_{\det}} E_{P_i,\lambda}(\lambda,t) \mathrm{d}A_{\det} \tag{3-5}$$

$$S = \int_{T_{\text{int}}} \int_{\lambda_{\min}}^{\lambda_{\max}} \phi_\lambda(\lambda,t) R(\lambda) \mathrm{d}\lambda \mathrm{d}t \tag{3-6}$$

式中，$R(\lambda)$ 为探测器的光谱透过率。

因此，探测器上的每个像素值可以通过下式计算：

$$v \propto \int_{T_{\text{int}}} \int_{\lambda_{\min}}^{\lambda_{\max}} \int_{P_i \in A_{\det}} \int_{r_i \in \Omega_{\text{opt}}} u_{P_i,\lambda}(r_i,\lambda,t) R(\lambda) \cos(\theta) \mathrm{d}\Omega_{\text{opt}} \mathrm{d}A_{\det} \mathrm{d}\lambda \mathrm{d}t \tag{3-7}$$

根据上述的转化模型所提出的热成像仪系统主要包括光学系统、光谱滤波、红外探测器阵列、输入电路、读出电路、视频图像处理、视频信号形成、时序脉冲同步控制电路、监视器等部分（对于检测温度较高的制冷型焦平面红外热成像系统，还配有冷却系统）。由光学系统接受被测目标的红外辐射，经光谱滤波将红外辐射能量分布图形反映到焦平面上的红外探测器阵列的各光敏单元上。探测器将红外辐射能转换成电信号，由探测器偏置与前置放大的输入电路输出所需的放大信号，并注入读出电路，以便进行多路传输。高密度、多功能的 CMOS 多路传输器的读出电路能够执行稠密的线阵和面阵红外焦平面阵列的信号积分、传输、处理和扫描输出，并进行数模转换，以送入微处理器作视频图像处理。由于被测目标物体各部分的红外辐射的热像分布信号非常弱，缺少可见光图像的层次感和立体感，因而需进行一些图像亮度与对比度的控制、实际校正与伪彩色描绘等处理。经过处理的信号送入视频信号形成部分进行模数转换并形成标准的视频信号，最后通过电视屏或监视器显示被测目标的红外热像图。

在整个系统中，探测器的结构和性能直接决定了红外图像的质量。红外焦平面阵列的工作性能除了与探测器性能（如量子效率、光谱响应、噪声谱、均匀性等）有关外，还与探测器探测信号的输出性能有关（如输入电路中的电荷存储、均匀性、线性度、噪声谱、注入效率，读出电路中的电荷转移效率、电荷处理能力、串扰等）。可以将探测器的发展过程总结为四代，如图 3-2 所示。第一代主要通过电荷耦合器件（CCD）单元或多单元扫描目标。在第二代中，单元数较多的焦平面阵列探测器成为新的主流方向。第三代和第四代的进展在于光敏材料的发展：MCT、量子阱红外探测器（QWIP）和 ii 型超晶格（T2SL）系统。未来将向更大的像素数量、更高的帧率、更好的热分辨率以及多色功能和其他芯片功能方向发展。

读出电路的电荷处理能力直接控制焦平面的动态范围，它的电荷转移效率影响焦平面的非均匀性、数据率、串扰和噪声，这些都综合影响焦平面的空间、时间和辐射能量的极限分辨能力以及空间和时间频率传递特性。因此，读出电路的设计要求为：高电荷容量、高转移效率、低噪声和低功率耗散；其次考虑抗光晕控制和降低交叉串扰。

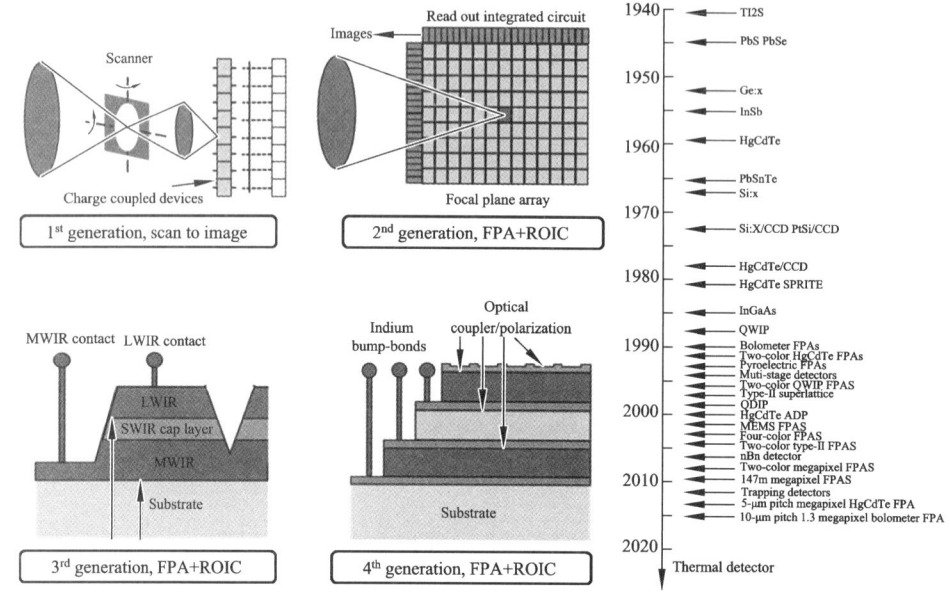

图 3-2 红外探测器的发展过程

3.1.2 红外成像技术的应用

红外热成像技术在工业、军事、民用领域起着非常重要的作用，本节将列举红外成像技术在各领域中的应用。

1. 热成像技术在工业上的应用

热像仪在工业上的应用主要是检测工业设备、检查运行故障及控制产品质量。检测人员利用热像仪显示被查目标的热像和提供表面热分布的信息，找出即将发生和已发生的故障及其位置，以便及时采取措施予以消除。

1）在钢铁工业中的应用

热像仪应用于从冶炼到轧钢的各个环节。

（1）大型高炉料面的测定：现代炼铁高炉要求炉内加入的原料分布均匀，从炉顶面温度的分布可以测定原料的分布均匀性。通过热像仪透过安装有高炉顶部炉壳的硅玻璃口测定炉内料面温度，进行图像处理后再由计算机控制给料设备的动作，调整原料流量，使炉料分布合理，起到降低焦比的作用。

（2）热风炉的破损诊断和检修：热风炉的炉衬在生产中容易被烧坏，但因炉子是封闭的，烧损位置不易发现，应用热像仪可快速诊断炉子破损位置，及时进行检修，大大延长了热风炉的使用寿命。

（3）高炉残铁口位置的确定：高炉大修前需要在炉子上开口以排尽炉内残铁。以往凭经验确定开口位置，往往位置不准确，造成残铁排不尽，给拆炉工作带来困难。使用热像仪对炉壳测温，在死铁层下测拐点可准确地确定残铁水的下表面位置和开口位置，开口后残铁全部排尽。

（4）钢锭温度的测定：炼钢厂浇注的钢锭，在入均热炉前的温度很重要。应用热像仪对入炉前的钢锭进行表面温度测定，可使均热炉对钢锭加热以达到最佳化，且可节省煤气用量。

（5）连铸板坯温度的测定：在连铸机中板坯的拉制与冷却水量及拉坯速度有一定关系，研究这一定量关系对板坯的产量、质量及连铸机的安全生产极为重要。使用热像仪对铸坯在不同冷却水量和不同拉坯速度下的温度进行设定，获得了大量数据，从而制定出与铸坯温度相适应的生产工艺规则，使连铸机可稳定运转。

（6）钢铁模温度的测量：为了改进钢锭模的使用寿命，减少消耗，需测定锭模热态工作状态下表面温度场的变化规律。通过测定钢铁模从浇注到脱模之间表面温度场的变化情况，获得了该温度场的变化规律、锭模的最高温度及其位置和持续时间等数据，利用这些数据可设计出高质量的钢铁模。

（7）出炉板坯温度的测定与控制：从加热炉出来的待轧板坯，要求温度分布均匀。可应用热像仪测定出炉板坯的温度，发现炉宽方向温度分布不均匀。

（8）热轧辊表面温度的测定：热轧辊长期在高温下工作，容易产生热疲劳裂纹，这与辊表面温度分布及变化的规律有关。可应用热像仪发现轧辊表面温度分布不均匀，故采取相应措施减少或消除了热裂纹。

2）在石化工业中的应用

石油化工生产中的许多重要设备是在高温高压状况下工作的，潜伏着一些易燃、易爆的危险问题，要求对生产过程进行严格的在线监测，及时消除隐患。使用热像仪能检测产品传送和管道、耐火及绝热材料、各种反应炉的腐蚀、破裂、减薄、堵塞以及泄漏等有关信息，可快速而准确地得到设备和材料表面二维温度分布情况。炼油厂用热像仪检测催化裂化装置、反应堆尾气设备和熔炉、安全阀与凝气阀的泄漏、地下管道的漏失等，可在早期迅速准确地找出热漏点。对炉身、燃气和排尘管道、反应堆槽以及转移线路中耐火材料的损耗、裂缝和磨损等情况进行检查，有效防止事故发生和减少能耗。

（1）裂解分馏塔底积焦的检测：裂解分馏塔底积焦是影响尤里卡装置长周期运行的

关键。采用热像仪测量塔底积焦时外壁热像特征可判定塔内各处积焦程度，并根据结果指导工艺操调和确定最佳运行方案。实践表明，该检测方法与工艺结合后，裂解分馏的运行周期由原来的平均 30 天延长至 268 天，并获得了明显的经济效益。

（2）评估醋酸乙醛装置衬里损坏状况：石化设备中，醋酸乙醛装置的关键设备（催化再生器、反应器和除沫器等）内部有多层衬里材料。利用热像仪检测其外壁温度场，再结合传热学理论计算其内部保温层厚度，可了解装置运行情况下的衬里损伤程度，从而为制定检修方案提供参考。

（3）检测裂解炉炉管局部"热斑"：裂解炉是乙烯生产的心脏，炉管内结焦形成炉管热斑将严重影响其使用寿命。利用红外热像仪能通过窥视孔对炉内炉管测试，可得到热斑的热像特征，为维修炉管的实施方案提供依据。

（4）催化裂化装置的检测：催化裂化装置是煤油厂中的重要装置。它的核心装置（催化再生器和沉降器）在生产运行中衬里状况的好坏直接关系着筒壁的安全，因此需随时进行检测和诊断。用热像仪对它们进行定期的壁温检测，分析衬里状况和可能发生的故障部位及程度大小、发展趋势，并将结果及时提供给厂方，为厂方实施检修提供依据。

（5）热力管线外壁温度的测量：蒸气热力管线在炼油厂纵横交错，分布繁多，管线外壁保温层材料在生产过程中会逐渐破损、掉落，管线外壁温度随时升高，造成大量热损失。茂名石油工业公司炼油厂应用进口热像仪对蒸气锅炉至一催化、二蒸馏、低压蒸汽的热力管线进行了管线外壁温度扫描测量，根据测得的数据，计算热力管线的外壁热损失情况。由于提供的温度分析数据十分准确，有关部门据此迅速更换保温材料。经运行一段时间后再对外壁温度跟踪扫描，发现热损失大大减小，取得了较为显著的经济效益。

3）在电力工业中的应用

在电力系统中，电气事故大都不是瞬时发生的，其间需有一个变化过程。电气元部件逐渐出现松动、破裂、锈蚀等会造成接触电阻增加，致使电气元部件温度升高，出现热异常现象。采用热像仪直接观察和测量即可发现这些异常现象，以掌握潜存故障的位置和严重程度，根据需要安排维修以消除隐患，故热像仪是发电厂、输变电网以及用电工厂的一种有效检测仪器。

热像仪在电力系统中的主要检测目标是发电机组装置、输电线路接头、绝缘部件、变电所设备、变压器绕组及油冷系统、高压线路的保险丝电路、闸刀开关、断路开关、转换开关和终端装置、电路分配调度中心、控制台及照明配电盘等。特别地，定期用机载或车载热像仪检测输变电网，若能在早期发现隐患或迅速诊断到出事地点，可大大减少经济损失。这一部分将在后续章节中详细介绍。

2. 热成像技术在医学上的应用

人体是一个天然红外辐射源。人体皮肤的红外辐射波段为 3~50 mm。当人体患病时,人体的热平衡遭到破坏,因此测定人体温度的变化是临床医学诊断疾病的一项重要指标。热像仪可以显示和记录人体的温度分布。将病变时的人体热像和正常生理状态下的人体热像进行比较,即可从热像是否有异变化来判断病理状态。

医用热像仪技术用于临床诊断已有几十年的历史,现可用于多种疾病的诊断,如诊断浅表肿瘤、血管疾病和皮肤病症等。在医疗学科研究中,热像仪在医学中的应用已成为一个专门的研究课题。下面将热像仪在医学上的应用情况作简要介绍。

1)乳腺瘤的早期诊断

红外热像仪引入医学领域后,首先应用于检查乳腺。对于健康的妇女,两侧乳房的热图是对称的,任何乳房热图的不对称性往往与疾病、细胞活性有关,甚至与肿瘤有关。恶性肿瘤周围血管丰富,其温度大多高于正常组织。研究表明,大多数乳腺癌的热图像具有明显的不对称性,患侧的乳房热图像呈明显的局域性热区,乳晕周围也出现明显高温。

2)血管疾病的诊断

人的肢体温度主要由血液循环状态决定,当存在血管病变时,血循环发生障碍,皮温降低。如闭塞性脉管炎、动脉栓塞、动脉瘤等,通常表现为病变部位温度异常,用红外热像仪可清楚显示出病变部位及范围。

此外,热像仪对下肢静脉交通支或静脉瓣膜功能不全症、雷诺氏病、大动脉炎等血管疾病均能进行有效诊断。

3)皮肤损伤病症的诊断

红外热图一般反映皮肤本身温度的分布,较为自然,皮肤病症的诊断是热像仪应用领域之一。例如,用热像仪查出皮肤冻伤面积,其准确性接近 100%。原理为:由于冻伤部位坏死,无血供应,其温度比周围皮肤明显低。此外,热像仪也可应用于皮肤烧伤的热像诊断。热像仪不但可准确诊断烧伤面积内血管损坏的程度,判定烧伤度数,识别可存活皮肤面积,确定需植皮的面积,且在治疗过程中可观察烧伤组织血运恢复情况,掌握发炎和感染情况,并判断植皮的成功与否,以便及时采取措施,为用药及手术操作提供参考。

4）各种炎症的诊断

急性炎症由于局部充血，导致皮温上升，易被热像仪捕捉从而显示出来。但需区别于肿瘤皮肤温度升高。炎症皮温高于周围皮温，而在炎症中心点的皮温更高于炎症区皮温，这是炎症热像的特征。炎症和肿瘤可用如下方法鉴别：在热像拍照前，局部先冷却，然后观察温度回升速度。肿瘤温度回升慢而炎症温度回升较快。此外，用热像技术还可鉴别各种关节炎的类型，探测发炎面积大小和热变化程度。

5）针灸原理和经络现象的研究

热成像技术对中国传统医学的研究很有价值，它是研究针灸原理和经络现象的有效的手段之一。在对患者进行针刺治疗过程中，记录下针刺前、留针中和起针后各阶段的热图，比较其升温幅度、升温区域的范围和升温的特点。通过对上述各方面的观察，以及对热图资料进行计算机统计、分析及特殊图像的显示，从而得到针灸前后体温分布及变化结果，进而深入了解对针灸治疗面瘫和甲状腺疾患的作用机制，对针法和手法的效应，对穴位的功能作用及经络穴位的特殊温度性质等。研究表明，热成像技术在这一领域具有较高的实用价值。

热像仪在医学上的应用范围，远不止上述几个方面，其应用领域还在不断扩大。例如，热成像技术还可用于胎盘定位、器官移植排异反应监视、骨折挫伤诊断等许多方面。随着这一技术的进一步发展，它的临床各科的用途必将得到更宽的拓展。

3．其他工农业领域的应用

前面介绍了热成像技术在工业和医学两大领域的应用，工业热像仪和医用热像仪已成为现代科学技术必不可少的新型检测仪器，在各行各业发挥着越来越重要的作用。当然，热像仪并非只具有这两方面的应用。以下列举几个应用实例说明热像仪在其他方面的应用情况。

1）对建筑物的检测

热像仪可对建筑物的建造质量和设计进行检测和评价，其中包括：建筑物的裂痕、墙壁的分层或断层部位、墙壁和地下管道渗漏情况的检查，以及对建筑物耗及采暖、保温、照明系统进行检查和评价等。使用热像仪可手提，也可用三脚架支撑，还可用车载和机载进行扫描检测。有关建筑物的实查结果表明，若镶板接合处漏气、壁腔绝缘脱落或存在对流循环等情况将有不适当的热耗发生，这些均能在热图上明显地反映出来并能准确定出建筑物的热能损失位置。晚上在高处用热像仪扫描白天经过太阳暴晒的机场跑道，可以检查出厚度达 30～40 cm 水泥板层与土层的黏结缺陷，可发现层间直径为 1.5 m 圆形面积的积水层或空隙层，从而为飞机跑道的修补作业提供参考位置。此外，利用机载热像仪寻找建筑物的热漏，这种方法可以大幅度地节约能量费用。对于建筑物内的取暖，一般由中央锅炉供热。根据热图像，可以查明供热系统的热漏点。以前是采用掘开路面的方法查找热漏点，这种方法难度大、成本高，而热图法可大大节约燃料费用。高层建筑物的外墙板间的墙缝必须经过保温防潮处理，且需在准确检验质量后才能交会使用而采用热像仪是一种合适的检验方法。例如，曾对一建筑物墙板纵向接缝的热图进行分析，并发现温度异常情况：正常热像是上下完全贯通的黑色低温纵带，而实际热图中呈现一段高温亮带，这表明墙缝严重漏热，经对住户调查证明，冬季该处存在墙面结露现象。

2）监测森林火灾

在大片森林中，往往存在不明显的隐火，这是引起毁灭性火灾的根源。用现有普通方法难以发现这种低强度隐火，但用机载热成像系统可以发现隐火的位置。例如，加拿大森林研究中心利用直升飞机携带 AGA750 便携式热像仪在一次火灾季节发现 15 处隐火。机载热像仪在森林火情应用中有多方面作用，可探测未熄的营火和冒烟的余烬，并可防止复燃火的发生。单独使用热像仪易把太阳晒热的石头和开阔地误认为冒烟的树木，因此，研究人员设计了一种红外可见机载装置，它是一种把可见图像和红外图像叠加显示的系统，观察者可识别出每一个自然的热点源，并把它们剔除。因而，即使在阳光下也能发现真正冒烟的树木。

3）粮食火灾的探测

粮食火灾一般是不明显的，谷物粮仓的燃烧或闷烧会持续很长一段时间，不易被人发觉。采用热像仪不仅能推测这些火灾的存在，且能确定火灾的范围。热像仪对于这种火灾具有三个明显的作用，即火情的早期探测，确定火情的范围与危害，对火灾定位以便采取灭火措施。用热像仪对粮仓检查一般是在地面上进行，一个人操作，检查一处需 20 ~ 30 min，一旦正确指出了火情的位置，便可在那里钻一个洞，把管子插进谷物里，然后通入液氮进行灭火。灭火后仍需用热像仪再度进行检查，以判断火灾是否会再次发生。

4）蒸汽阀的检查

当蒸汽阀损坏时，将引起大量热能损失。使用热像仪检查蒸汽阀并更换那些不良的蒸汽阀，可以大大节约能源。人们只需用热像仪查看汽阀的进口和出口处，如果进出之间的温差反常，则表明蒸汽阀失效。

5）制冷设备中的应用

用热像仪可以检查冰箱等制冷装置和管道的隔热情况，发现水果和蔬菜在冰库储藏过程中微生物病害和生理损伤的隐患点，以自动筛选新鲜蔬菜和水果等。

6）监视液化气体泄漏

随着液化天然气的大量应用和贮藏基地建设范围的扩大，需要建立可在早期发现和处理因液化气（液化天然气、液化石油气、液化乙烯）泄漏而发生火灾、爆炸等灾害的监视装置。过去采用气体传感器进行探测气体的泄漏，但气体传感器只能进行定点探测，不适宜于在液化天然气储存罐并立的地方探测。使用热像仪可以进行大面积的探测，它是根据在排出气体时外界环境温度变化来进行气体泄漏情况的探测。当液化气体流出时周围若出现温度异常现象，用热像仪观察即可判断出气体泄漏的位置和规模。

7）极地动物的识别

利用机载热成像系统可以对地上的北极熊和灰色沙堤上的海豹进行计数，同时不会对动物造成干扰。利用热像仪测量海豹的头温，还可以调查狂犬病病毒的传播情况，这是因为这种病毒会使海豹头部的温度高于体表温度。

8）对轮胎的检测

利用热像仪可以拍摄正旋转的轮胎的红外图像，可在不接触轮胎的情况下观察和分析轮胎表面的温度分布情况。获取一张图像所需的时间与轮胎的转速有关。当轮胎高速旋转时，获取一张完整图像的时间一般为几秒钟，可见热像仪对于轮胎的质量检验十分重要。

4. 热成像技术在公安及消防工作中的应用

1）夜间以及恶劣气候条件下目标的监控

在夜晚，可见光器材已无法正常工作，观测距离大幅缩短，如果采用人工照明的手段，则极易暴露目标。红外热像仪工作原理是被动接受目标自身的红外热辐射，与气候条件无关，因此无论在白天或是黑夜均可以正常工作，同时可以避免暴露自身。在雨、雪、雾等恶劣的气候条件下，由于可见光的波长短，克服障碍的能力差，因而观测效果较差，甚至不能工作，但红外线的波长较长，特别是工作波长在 $8 \sim 14 \mu m$ 范围的热像仪，其克服雨、雪、雾天气可正常工作的能力较强，因此仍可以在较远的距离上正常观测目标。故在夜间或恶劣气候条件下，采用红外热成像监控设备可以对各种目标，如人员、车辆等进行监控。

2）伪装及隐蔽目标的识别

普通的伪装仍然是以防可见光观测为主。一般犯罪分子在作案时通常隐蔽在草丛或树林中，观测者若采用可见光的观察方式，会由于视觉错觉，导致产生错误判断。红外热成像装置是被动接受目标自身的热辐射，人体和车辆的温度及红外辐射强度一般都远大于草木的温度及红外辐射强度，因此被观测对象较难伪装，观测者也不容易产生错误判断。另外，一般人员并不了解避开红外监视的方法。因此红外热成像装置在识别伪装及隐蔽目标这方面的效果较为明显。

3）夜间以及恶劣气候条件下的治安巡逻

在高速公路、铁路夜间安全保卫巡逻，夜晚城市交通管制等领域中，红外热成像装置具有不可替代的作用。由于热成像系统在观察和识别目标方面有着众多的优势，因此车载或直升飞机机载监控系统已在许多发达国家得到了广泛应用。

4）重点部门、建筑、仓库的保安、防火监控

红外热成像设备可以将物体温度反映成像，因此其除了夜间可以作为现场监控使用外，还可以作为有效的防火报警设备，因该设备可以成像，故可以大幅降低虚警率。

5）作为消防人员灭火的参考指导

在火灾现场或浓烟密布的建筑物内，仅通过肉眼无法清晰地观察情况，更不能准确迅速地发现遇险人员。若应用红外热成像装置，则可以透过浓烟清晰地看清火场的各种情况。此外，消防队员还可以应用此设备观察室内屋顶气流的流动速度，避免由某些物体受热挥发出的可燃气体聚集产生的闪燃带来的危险。

6）电气火灾的预防

电气火灾的发生通常伴有设备故障和局部过热等火灾前兆，因此应用红外热成像设备可以有效及时地觉察事故发生的前兆，及时制订对策。

3.1.3 电力设备热故障诊断

大量的实践经验表明，电力设备在绝缘退化等导致的非正常工作状态下很可能引起热积累，热积累被认为是加速老化甚至整机失效的主要原因。因此，热像仪广泛应用于电力系统中输变电设备绝缘失效、过载、低效运行的早期温升监测。红外热像检测作为一种高灵敏度、高精度、非接触式的温度分布测量方法，近几十年来已成为对电气设备

进行状态监测和故障诊断最不可或缺的工具之一，且实现并显著改进了变电站和输电线路的离线监测和在线监测模式。

回顾电力设备红外故障诊断的发展历程，可以归纳为人工故障检测、机器辅助（或半自动）故障诊断和基于图像的智能故障识别三个阶段。

人工红外热成像故障检测是一种基于人工手段的红外热成像技术，它依赖于多年来工作人员的先验知识以及对长期故障现场的经验总结。在过去的半个世纪里，人工故障检测形成了成熟的技术方案，且有大量的应用案例。在这种检查中，从视觉目标识别、热图像采集、过热区域搜索到故障匹配的判断指标，均依赖于工作人员的丰富经验。诚然，这种人工故障诊断方法在现场应用中是灵活的，但过于依赖主观的、难以描述的经验，特别是对整个变电站来说费时费力。随着电网设备数量的快速增长，人工热故障诊断的效率和准确性难以匹配数量的增速。因此，一些图像处理技术被用于替代部分人工操作，为更快速、准确的机器辅助故障诊断奠定了基础。

机器辅助故障诊断又称半自动故障诊断，是在人类先验知识的干预下，使用计算机代替人类完成主要目标检测、温度信息提取、辅助人类完成故障诊断的一种方法。故障诊断一般分为两步，即通过图像分割和特征提取算法从背景中提取目标区域，并判断过热故障。在这一阶段的瓶颈为：设备区域的提取和复杂背景下多类型设备的识别。

随着以卷积神经网络（CNN）为代表的深度学习算法的出现，图像处理在目标检测领域已被提升到了一个新的阶段。我们将此阶段称为基于图像的智能故障识别阶段，在这一阶段中引入人工智能算法实现复杂环境下的目标检测。相较于机器辅助故障诊断方法，人工智能算法的自学习能力和泛化能力可以在无人工干预的情况下，利用训练出的模型实现同时识别多类型设备。即它更强调检测广泛的设备类型，甚至是同一对象类的不同实例，而不是特定的对象类别。一些智能图像处理模型已被引入和量身定制的基于红外的故障识别，并在效率和准确性方面表现出较良好的效果。

1. 电力设备热故障的通用诊断方法

温度异常是判断设备故障状态的重要指标之一。根据设备的种类和原因，热故障可分为电流致热故障、电压致热故障、合成加热故障和非电性故障四类，如表 3-2 所示。载流单元常因电阻率或负载电流异常增大而导致电流致热故障。一般来说，这类故障的特征是明显的温升。电压致热故障通常是由于介质损耗、漏电流和局部电场集中增加等因素引起的。对于电磁效应引起的综合故障，如涡流、感应电流等，其特点是异常温升较低。另外，气体泄漏引起的温度异常变化也是常见故障之一。

表 3-2　电力设备典型热故障

故障类型	故障设备	故障原因	温升等级
电流致热型	隔离开关 连接单元 ……	① 整体电导率下降： 　电接触不良 　绝缘劣化 　局部短路/放电 ② 表面电导率下降： 　外部污秽/受潮 　表面损伤/劣化	高
电压致热型	变压器 绝缘子 避雷器 电容器 套管 ……	① 介质损耗增加： 　内部受潮 　电介质老化 ② 泄漏电流增加： 　绝缘劣化 　外部受潮/劣化 　半导体劣化 ③ 局部绝缘失效： 　绕组变形 　匝间绝缘损坏	低
复合型热故障	变压器箱体 并联电抗器 ……	电磁效应： 　涡流 　传导电流	低
非电故障致热型	GIS 冷却系统 ……	SF_6 泄漏 冷却装置失效	视具体情况而定

常见的温升异常判断方法有以下三种：基于绝对温升的方法、基于图像特征的方法和基于同类设备比较的方法。

（1）基于绝对温升的判断方法。该方法适用于电压感应加热故障和电磁加热故障。热点的温度值将与特定气候条件和标准中给定的运行负荷温度限值进行比较。

（2）基于图像特征的判断方法。这种方法适用于电压引起的发热故障。通过将采集到的红外图像与图像库中匹配的正常和异常情况下的相似图像进行比较，对温升情况进行评定。

（3）基于同类设备比较的判断方法。由于温度值不可避免地会受到周围环境和运行条件的影响，同类设备在相似的运行环境条件下（如并联）应有相似的温度分布。用不同设备相同部件之间的温差（ΔT）进行状态评价是更可行的方法。考虑环境温度，相对温差 η 可由以下关系式计算：

$$\eta = \frac{\tau_1 - \tau_2}{\tau_1} \times 100\% = \frac{T_1 - T_2}{T_1 - T_0} \times 100\% \tag{3-8}$$

其中，τ_1 为热点温升，T_1 为热点温度，τ_2 为参考光斑温升，T_2 为参考光斑温度，T_0 为环境温度。如表 3-3 所示给出了中国电力行业标准 DL/T 664—2016 中电力设备的故障程度。此外，一些标准如国际电气测试协会（NETA），美国测试和材料协会（ASTM）-E1934 和国家防火协会（NFPA）-NFPA 70-B 作为热成像检查的指导方针。

表 3-3　基于 η 的危险度评估

电力设备	η		
	正常	紧急	危险
SF₆ 断路器	≥20%	≥80%	≥95%
真空断路器	≥20%	≥80%	≥95%
充油套管	≥20%	≥80%	≥95%
高压配电板	≥35%	≥80%	≥95%
开关	≥35%	≥80%	≥95%
其他通流设备	≥35%	≥80%	≥95%

红外诊断依赖于已有经验，因此基于大量实际案例构建典型故障红外图像库具有重要意义。通过梳理文献中的实际案例，以设备类型和典型故障为例给出红外案例图，如表 3-4 和图 3-3 所示。

表 3-4　典型热故障及检测方法汇总
（电流诱导发热故障-C；电压感应加热故障-V；合成加热故障-S，其他故障-O）

故障设备		故障原因	故障类型	检测方法			图编号
				绝对温升法	图像特征法	同类比较法	
变压器	箱体	缺油	V		◎	◎	
	套管接线帽	接触不良	C	◎	◎	◎	
	套管接线板	接触不良	C	◎	◎	◎	
	套管末屏		C		◎	◎	
	主体	涡流损耗	S	◎	◎	◎	
	主体连接处				◎		
	冷却系统	冷却系统故障	O		◎	◎	
	油枕	油枕胶囊脱落	O			◎	

续表

故障设备		故障原因	故障类型	检测方法			图编号
				绝对温升法	图像特征法	同类比较法	
GIS	腔体接地夹线板	接触不良	C	◎		◎	
断路器	连接处	接触不良	C	◎	◎	◎	
	均匀电容	内部老化	V		◎	◎	
	瓷套	防水胶粘剂失效	V		◎		
隔离开关	刀闸	接触不良	C	◎		◎	
	接线板			◎		◎	
互感器	上端	缺油	V		◎	◎	
	主体	内部局部放电			◎	◎	
	电磁模块	内部损坏、匝间短路			◎		
避雷器		老化	V				
穿墙套管	基线板	涡流损耗	S	◎	◎		
无功补偿电容	并联电容器	内部局部放电	V		◎	◎	
	保险丝	内部接触不良	V	◎		◎	
	串联电抗器	过电压冷却系统损坏	V		◎		
	母线	接触不良	C	◎		◎	
	并联电抗器	匝间短路接触不良	S	◎			
耦合电容		内部损坏	V		◎	◎	
绝缘子	支柱绝缘子	表面污秽	V			◎	
电缆	高压电缆终端	内部局部放电	V			◎	
	中压电缆终端	局部放电	V			◎	
	电缆接地	环流	S			◎	

续表

故障设备		故障原因	故障类型	检测方法			图编号
				绝对温升法	图像特征法	同类比较法	
架空线路	联络线	接触不良	C	◎		◎	
	线夹	接触不良	C	◎		◎	
	瓷绝缘子	低阻值	S		◎	◎	
		零值	O		◎	◎	
	复合绝缘子	内部损坏	V			◎	
	玻璃绝缘子	表面污秽	S			◎	
高压开关	连接部件	接触不良	C	◎		◎	
	支柱绝缘子	低阻值	V			◎	
	电缆伞裙	内部损坏 伞裙老化	V			◎	
	套管	局部放电	V			◎	
	电流互感器	内部绝缘劣化	V			◎	
	开关设备	接触不良	C	◎		◎	
	气体绝缘设备	SF$_6$泄漏	O				

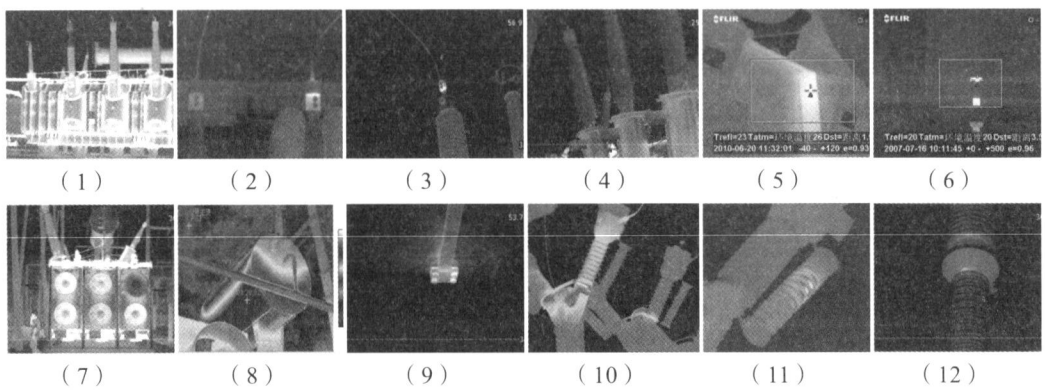

（1）　　（2）　　（3）　　（4）　　（5）　　（6）

（7）　　（8）　　（9）　　（10）　　（11）　　（12）

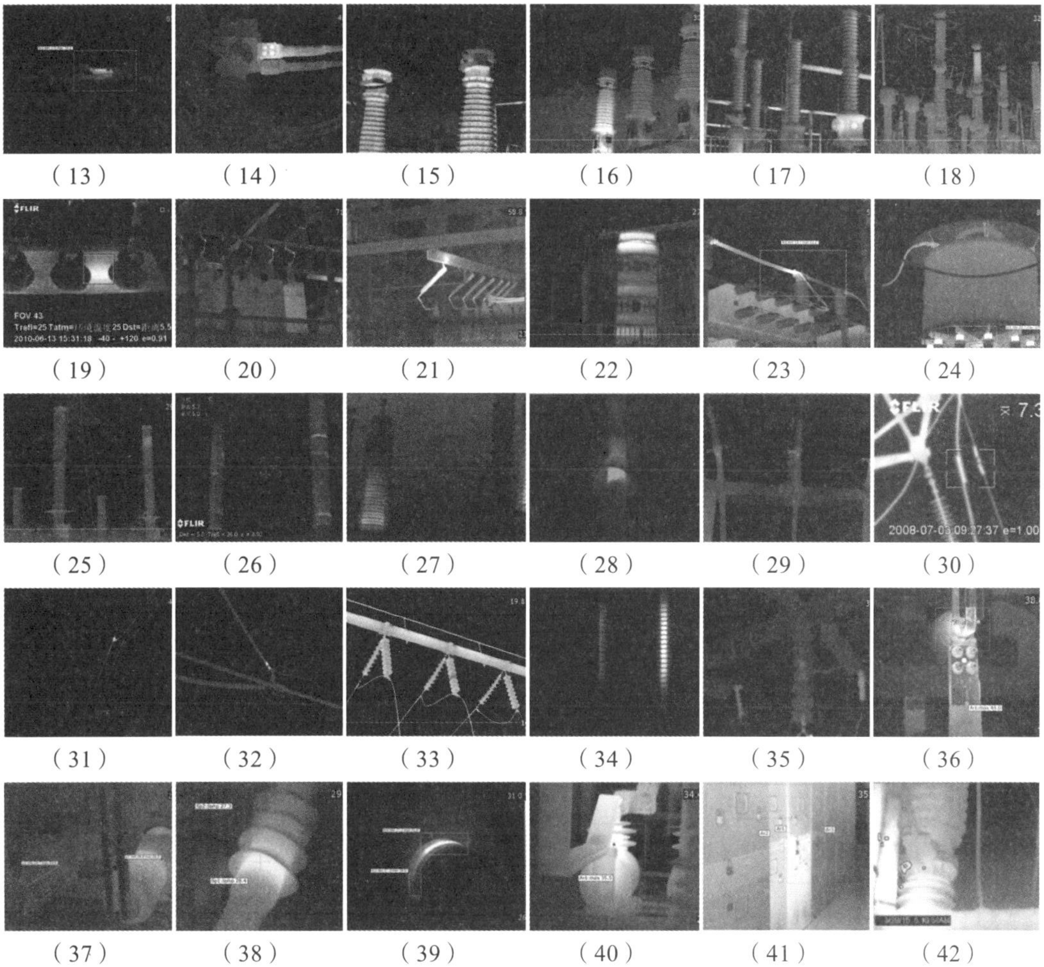

（13）	（14）	（15）	（16）	（17）	（18）
（19）	（20）	（21）	（22）	（23）	（24）
（25）	（26）	（27）	（28）	（29）	（30）
（31）	（32）	（33）	（34）	（35）	（36）
（37）	（38）	（39）	（40）	（41）	（42）

图 3-3　典型故障案例

2．基于人工判断的热故障识别程序

根据大量现场应用经验，热故障识别的一般步骤如下：

（1）选择合适的视角覆盖主要检测对象。

（2）明确设备类型并定位设备红外图像中的热点。

（3）使用异常温升判断准则评估热状态。

（4）根据以往的经验确定故障的来源或在图像案例库中匹配故障。

如果设备没有故障，将完成检查和热点温度值将被记录下来，并作为可能的历史趋势分析。

如图 3-4 所示为有关高压柱式绝缘子进行热故障诊断案例。通过获取覆盖三相绝缘子的红外图像，将火锅正位于 B 相柱式绝缘子上，温度为 26.2 ℃，采用均匀比较法进行故障诊断。通过与 A 相柱式绝缘子温度值的比较，结合结果发现，该绝缘子温升（ΔT）为 1.3 ℃，故推测故障原因为漏电流增大，应立即更换 B 相柱式绝缘子。

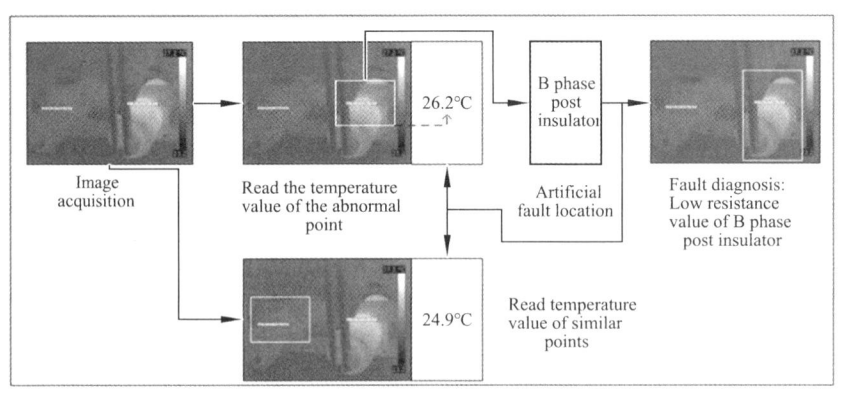

图 3-4　基于人工判断的热成像故障诊断

基于红外热成像技术的电力设备热故障诊断的广泛应用，大幅度提高了早期故障诊断的有效性，并形成了一套有效的人工故障诊断方法。诚然，这种人工判断方法可以灵活地完成复杂测试条件下的故障诊断，但过分依赖主观的、难以描述的经验。此外，随着电力设备数量的大幅增加，难以保证其工作效率。因此，利用机器视觉技术代替人工分析成为一种新的发展趋势。在这一过程中，红外热成像自动故障诊断的研究经历了机器辅助故障诊断和基于图像的智能故障识别两个阶段，后续将进一步讨论。

3．机器辅助下的故障诊断

机器辅助故障诊断方法可以在图像预处理和目标检测方面部分代替人工操作，从而显著提高图像处理的准确性和速度。本节分别介绍了图像预处理、图像分割、目标识别、特征提取和热状态评定的原理和进展。

1）图片预处理

高质量的红外图像是有效进行目标识别和故障定位的保证。因此，在目标检测前需要对图像进行预处理，抑制噪声和增强对比度，从而提高图像质量。

在降噪方面，常用的是均值滤波、中值滤波和自适应滤波，针对它们提出了一系列具有不同优势的高级算法。此外，还引入了小波变换、过完全稀疏表示、卷积神经网络等，有效提高了图像去噪的精准度和效率。

2）图像分割

图像分割是目标提取的基本要素，它是将图像分割成多个具有图像灰度、颜色、纹理和形状等独特特征的特定感兴趣区域，提取出感兴趣目标。原理上分为阈值分割、边缘检测和区域相关。此外，还有一些基于相似特征的相邻像素的粗糙度、对比度、方向和紧凑度的空间聚类方法。为总结近年来在这一领域所做的努力，表 3-5 列出了部分红外图像分割法的代表性实例。不同方法对红外图像分割结果的示例如图 3-5 所示。

表 3-5 外图像分割方法的代表性实例

方法	模型和算法	检测对象
阈值法	模糊 Renyi 熵与混沌差分进化算法	隔离开关
	OSTU 算法与 NCC 模板匹配	变压器套管
	Bi-threshold OTSU 算法	绝缘子
	数学形态学改进 OTSU 算法	绝缘子
		电机控制元件
边缘检测方法	Roberts 算子 Prewitt 算子 Sobel 算子	太阳能电池板
相关区域法	种子区域生长	连接处
	Chan-Vese 模型	套管
	分水岭算法	油枕
特征空间聚类	模糊 C 均值	输电线路
	Outlier-Factor-Based 聚类分析	绝缘子
	K 均值	套管
	K 均值和形态学算法	电流互感器
其他方法	马尔科夫随机场	连接器

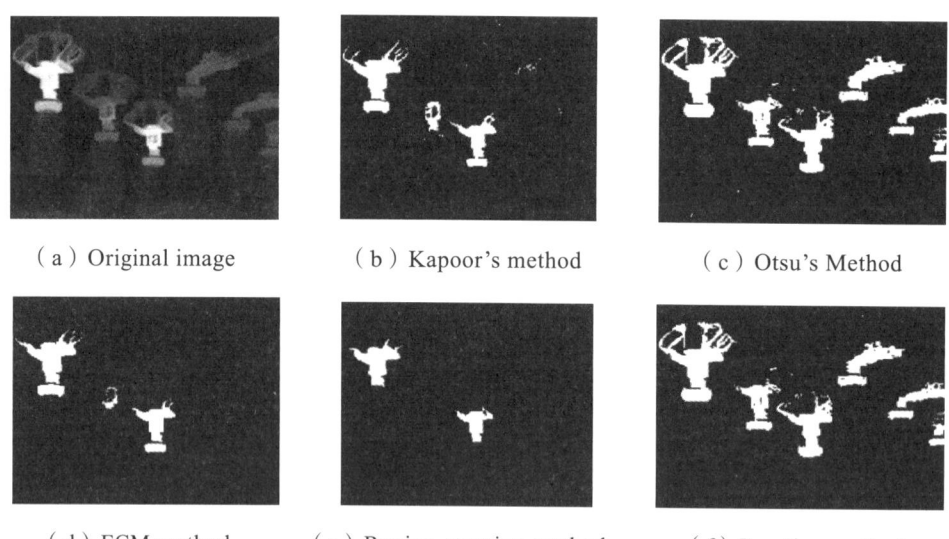

(a) Original image　　(b) Kapoor's method　　(c) Otsu's Method

(d) FCM method　　(e) Region growing method　　(f) Iterative method

图 3-5　变压器套管图像分割实例

如图 3-5 所示，由于红外图像的局限性，导致简单的图像分割法存在过分割或欠分割的问题。融合分割法是解决问题的有效途径。例如，在区域增长算法中引入 Sobel 算子作为增长判据的附加增长条件，可有效减少噪声信号造成的过分割和欠分割，保证足够的计算速度。此外，引入形态学算法和马尔科夫随机场等形态学和随机过程也可以提高红外图像分割的精度。

3）目标识别

如前所述，准确的目标识别是自动故障定位和后续诊断的基础。在具体的实现过程中，首先提取红外图像中设备区域的特征，然后利用先验分类器使用所提取的特征重建目标。

原则上，特征提取的本质是通过映射用低维空间特征描述高维图像的空间特征。颜色、纹理和几何特征是图像中最重要的三个特征。然而，红外图像的颜色特征对应的是温度分布，而不是颜色信息。因此，它不适合作为红外图像的特征。纹理特征可以根据红外图像的质量准确描述设备特征，典型的纹理特征是定向梯度直方图（Histogram of Oriented Gradient，HOG）。利用旋转、平移、缩放等几何特征的不变量，如 Hu 矩、Zernike 矩等一系列几何特征的不变量作为红外图像的设备特征。

有效的分类模型是目标识别的另一个关键因素，在应用中一般利用新的观测数据提取特征，不断更新和完善建立目标识别模型。为了追求训练效率和模型的鲁棒性，需使用两种经典的分类器，即支持向量机（Support Vector Machine，SVM）和人工神经网络

（Artificial Neural Network，ANN），这两种分类器在实践中得到了广泛的应用。前者具有较好的泛化能力和解释能力，适用于小样本空间的最优解。后者具有较强的非线性拟合能力和自学习能力，更适合大样本空间的最优解。对于不同的研究对象和建模精度，两种方法得到的结果不同。

表 3-6 总结了近年来红外图像目标识别的经验知识，为不同功率设备的目标识别提供了多种尝试方法。需要指出的是，特征提取和目标识别虽已取得了一定的进展，但目前还缺乏一种通用的模型，即无须人工干预即可用于多种红外图像样本通用模型的使用。

表 3-6 典型红外图像目标识别方法

特征提取	分类方法	检测目标
Hu 不变矩	支持向量机（SVM）	变压器，断路器，电流互感器（CT），电压互感器（VT）
Hu 不变矩	BP 神经网络	CT，变压器，母线连接处，避雷器
Zernike 矩	相关向量机（RVM）	CT，VT，避雷器，隔离开关，断路器
梯度方向直方图（HOG）	SVM	套管，隔离开关
颜色矩的不变矩	SVM	变压器，电抗器，CT，断路器
边缘特征	归一化相关	CT，避雷器，套管
二进制鲁棒不变可扩展关键点（BRISK）和局部聚集描述向量（VLAD）	SVM	绝缘子串

4）温度信息提取

开源红外成像仪提供了一个包含空间温度矩阵的头文件，可以提取感兴趣区域（Region of Interest，RoI）的温度分布。但对于仍在使用的非数字成像仪和闭源限制的商业成像仪，必须直接从红外图像中提取 RoI 的温度信息。如前所述，红外成像仪通过颜色映射函数将每个检测像素的温度信息转换为图像，从而通过描述 RGB 值/灰度值与温度值之间关系的特定拟合函数以提取温度信息。为此，采用线性/非线性连续函数或更复杂的函数，如分段函数。在此基础上，将温度范围映射为比色值范围，将 RoI 编码为空间温度矩阵。温度信息提取的一般流程如图 3-6 所示。

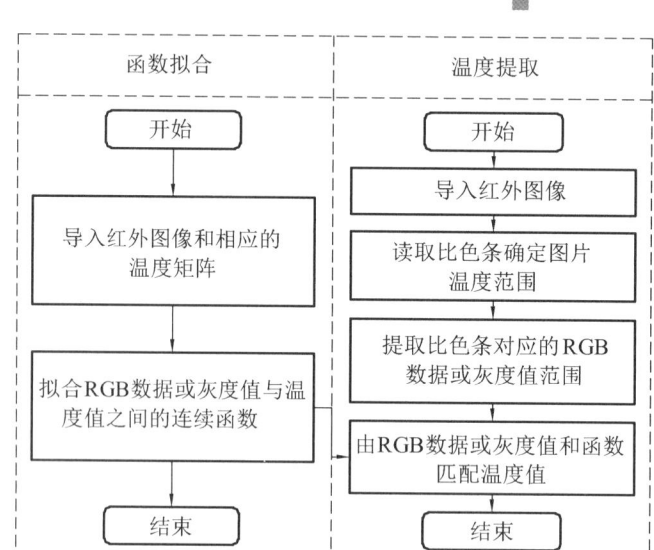

图 3-6 温度匹配流程图

5）热故障识别和诊断

热故障识别是基于红外故障诊断的最后步骤。在完全完成目标识别和温度信息提取的前提下，将 RoI 的相对温度差 η 与标准判据进行比较，较易实现故障识别。但在现实中，仅使用单一特征参数很难保证这种评价的可信度。由于电力设备热故障的多样性和潜在原因的复杂性，热故障识别是最依赖人工干预和经验移植的步骤。即使如此，使用机器辅助仍可以大幅度提高诊断效率，智能算法的不断更新进化及应用使其有可能取代人类劳动。

人工神经网络及其扩展模型在热故障诊断中取得了良好的应用效果。何红英（2006）等提出了基于环境平均温度、绝缘子表面最高温度、绝缘子表面平均温度、绝缘子表面温度分布变化及湿度等因素的径向基概率神经网络（RBPNN）方法以评价绝缘子热状态。C.A.L. Almeida（2009）等人研究了神经模糊网络（NFN）具备可根据材料、额定电压、制造商、污染指数、距离、发射率、环境温度和相对湿度对电力设备热状态进行分类的潜力，构建了以温度特征向量为特征参数的概率神经网络（PNN）模型，用于诊断绝缘子串的低电阻、零电阻故障和污染故障。

事实上，即使已采用智能方法，但这种机器辅助诊断效率仍远远落后于实际需求。电力设备热故障的多样性和原因的复杂性仍是现实面临的主要挑战。目前，对于结构简单、故障原因单一的对象，机器辅助诊断已被证明是有效的。以接触连接器热故障为例，如图 3-7 所示，a 相与 C 相的 η 值为 87%，确定故障程度为主要。通过匹配接触接头的温升范围和潜在故障原因，准确地将热故障识别为螺栓松动导致的连接不良。但对于故障原因较多的设备，如果不输入辅助信息，这种诊断是不够的。例如，如表 3-4 所示，互感器电磁单元过热故障原因主要包括内部受潮、匝间短路、铁磁谐振等，这些原因会导致设备表面温度分布相似，因此，仅从红外图像无法判断具体故障原因。为了解决这一问题，可将 IRT 诊断与介质损耗测量和水分含量、溶解气体分析（DGA）和电压监测等多种传感信息相结合进行诊断。

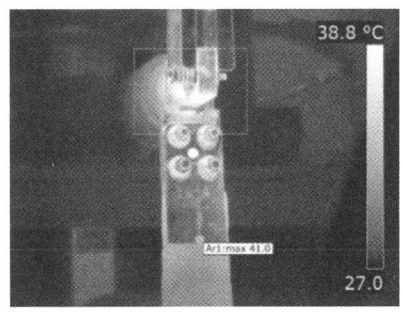
（a）a 相 IRT 图像

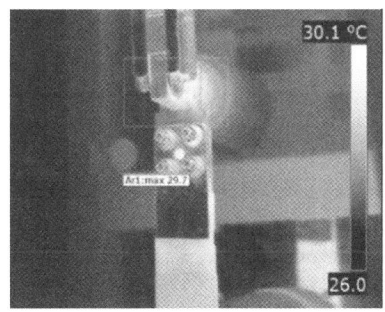
（b）C 相 IRT 图像

图 3-7　接触连接器的 IRT 图像

4．基于图像的故障智能识别

与传统的目标检测方法相比，以深度学习为代表的智能算法提高了目标检测水平，实现了基于图像的故障智能识别方法。智能算法的贡献主要体现在目标检测过程中，而温度提取和故障诊断仍与以往方法相似。因此，本节主要回顾了深度学习算法在目标检测中的应用。

1）深度学习概述

2006 年，Geoffrey Hinton 提出了深度学习（DL）的概念。DL 是一种具有多层次表示的表示学习方法，通过组成简单但非线性的模块来获得，每个模块将一个层次（从原始输入开始）的表示转换为一个更高、更抽象的层次表示。与 SVM 等传统学习算法相比，DL 是一种数据驱动方法，无须人工提取特征。由于使用了复杂模型，深度特征具有更准确、通用的表达能力。DL 技术广泛应用于语音转译为文本时的目标识别，匹配用户感兴趣的新闻项目、帖子或产品，以及选择搜索相关结果等方面，尤其是在图像目标检测方面。典型的 DL 网络结构包括深度信念网络（Deep Belief Network，DBN）、卷积神经网络（Convolutional Neural Network，CNN）、循环神经网络（Recurrent Neural Network，RNN）和胶囊网络（Capsule Network，CapsNet）。其中，CNN 及其扩展框架在图像处理领域取得了较大的应用优势。

在网络架构方面，CNN 是一种深度前馈网络，其基本结构包括输入层、多个卷积层、多个池化层、全连接层和输出层。CNN 的基本结构如图 3-8 所示。

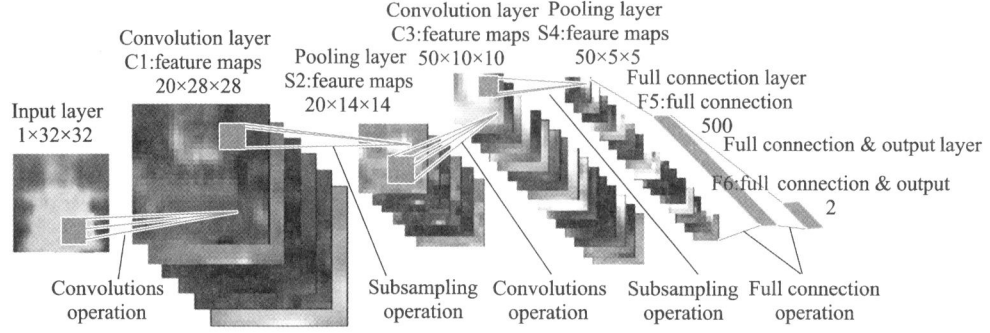

图 3-8　CNN 的基本结构

（1）输入层：是整个网络输入数据的入口。

（2）卷积层：在各层中，输入数据通过卷积核（也称为滤波器）提取卷积特征，再通过激活函数对结果进行非线性映射，生成二维特征映射，并沿深度方向进行叠加，得到卷积层的输出数据体。常用的激活函数包括 Sigmoid 函数、Tanh 函数和校正线性单元（ReLU）。

（3）池化层：其将特征映射的响应值基于池化函数进行组合，从而实现卷积特征的约简和抽象，从而减少特征映射的空间大小和网络计算量。常用的池化函数包括平均池化函数和最大池化函数。

（4）完整的连接层：全连接层经过多次卷积和池化操作，对特征进行集成和分类。

（5）输出层：分类结果的出口。

2）基于 CNN 的红外图像目标检测

在红外图像处理中，基于 CNN 的目标检测方法有以下两种框架：

（1）两阶段检测框架（或区域提案框架）：在该框架中，首先对图像进行预处理，建立独立于类别的区域建议，然后从建议中提取 CNN 特征，然后通过分类器确定建议的标签。代表性算法有基于区域的 CNN（Region based CNN，R-CNN）、SPPNet、Fast R-CNN、Faster R-CNN、Region based full CNN、Mask R-CNN 和 Light Head R-CNN。在检测精度方面，这些方法较符合要求，但不可避免地占用大量的计算资源和处理时间。

（2）一阶段检测框架（或区域提案自由框架）：该框架支持在不分离检测方案的前提下，将整个管道只分一个阶段进行检测。在这个框架中，将 CNN 作为一个回归设备，将整个待检测图像作为一个候选区域。通过直接将图像输入卷积神经网络，可检测出目标在图像中的位置信息。代表性算法包括 DetectorNet、OverFeat、You Only Look Once（YOLO）、YOLOv2、Single Shot Detector（SSD）、YOLOv3，其中大多数算法在检测速度方面通常优于第一种框架方法。

为了进一步了解 CNN 在红外图像目标检测中的应用,现将一些实际应用的最新研究进展展示如下:

2017 年,Zhao Zhenbing 等提出了红外图像中绝缘子串检测的深度 CNN 特征提取策略和 VLAD(Vector of Local Aggregated Descriptor)特征地图聚合方法,如图 3-9 所示。与传统的 CNN-VLAD 方法不同,该网络从红外绝缘子的卷积特征图中提取深度激活,并对深度特征提取框架进行改进,将最后 3 个全连接层替换为 VLAD 池化层。最后训练 SVM 分类器对红外绝缘子进行分类检测。与以往的工作相比,该方法大幅度增强了深度特征的不变性,实现了对深度特征的提取。

在其余文献中也有类似的报道。通过将 4 119 个样本输入 10 层 CNN 模型,对绝缘子串、避雷器、断路器、CT、无级变速器、断开开关和高压套管 7 种设备的识别精度达到 99.9%。

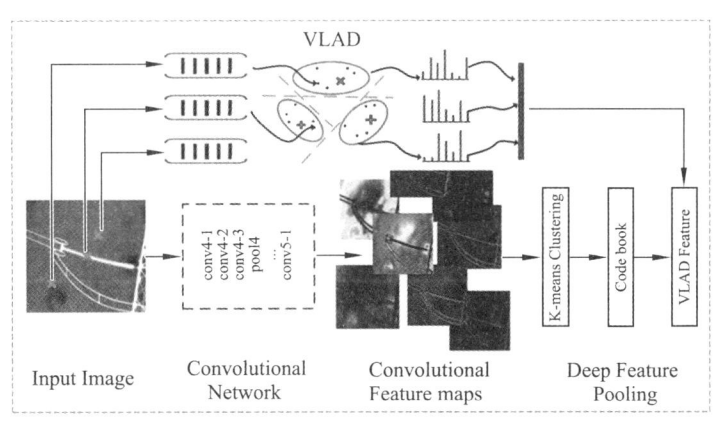

图 3-9　全局图像描述符生成框架

将绝缘子的红外图像输入 ImageNet 预处理的 CNN 模型中,提取深度卷积激活。通过 VLAD 编码和量化,对卷积层的特征图进行矢量化和池化,最后生成最终的图像表示。

2018 年报道了一种基于 CNN 的电力设备红外图像自动分割识别系统,利用 JSEG 分割方法提取过热点,利用 YOLO 网络识别热点设备类型。

Gong Xiaojin 等人也报道了一种基于 YOLO 的深度 CNN,用于热图像中功率设备检测。模型概述如图 3-10 所示。深度 CNN 以一幅 IRT 图像作为输入和输出,同时面向边界框和相关的类概率,然后进行非最大抑制(Non-Maximum Suppression,NMS)步骤,得到最终的检测结果。该模型克服了方向变化导致的识别精度下降问题,并通过预测紧边界盒而非简单的竖直边界盒来消除背景噪声。此外,该模型还实现了复杂场景下各装备部件的坐标、方位角和类别类型的预测。

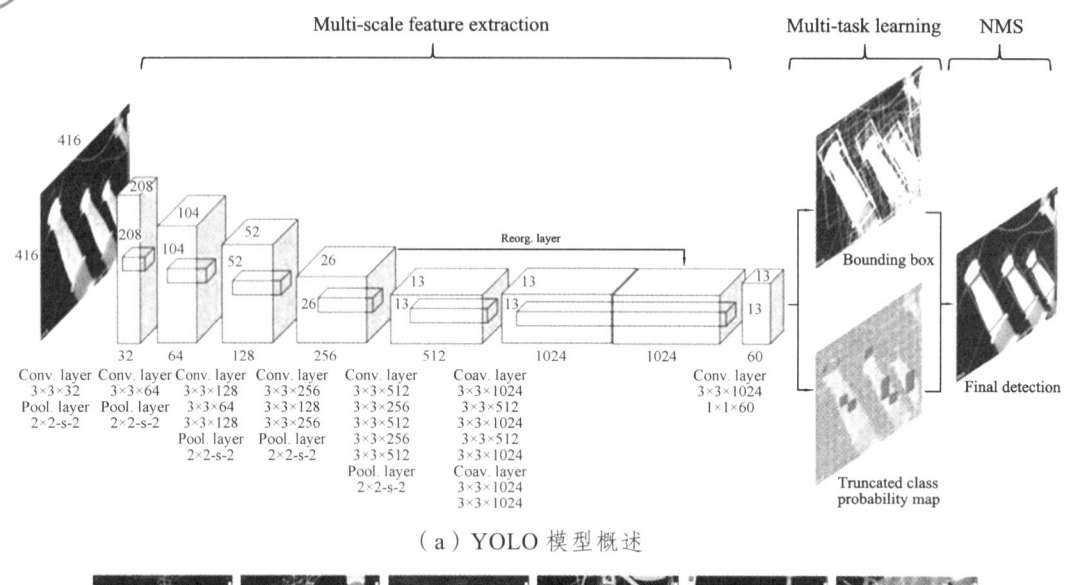

（a）YOLO 模型概述

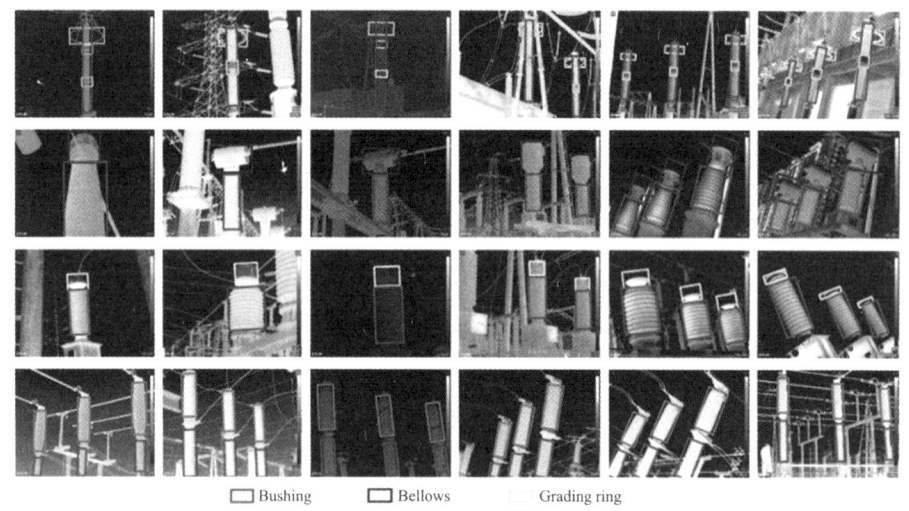

（b）测试结果

图 3-10　YOLO 模型及测试结果

2019 年，李连桥等人实现了基于 YOLO 的目标检测和热点温度值的自动读取，并与基于 R-CNN 的模型进行了在识别精度和处理速度方面的比较分析。结果表明，虽然识别精度略有下降，但引入 YOLO 可显著提高对红外图像目标的识别速度。

为了提高特征提取能力和目标定位精度，杨广军提出了一种基于特征金字塔网络（FP-FRCNN）的 Faster R-CNN 模型，它在解决红外图像的小目标检测方面表现出良好的潜力，并在 GPU（图形处理器）方面显示出可观的识别速度，每秒 15 帧用于流媒体应用。

2020 年，我们课题组首次在实例分割中引入 Mask R-CNN，在像素级预测物体的轮廓，并应用于区分属于同一类别的不同物体。基于 Mask R-CNN 实例分割绝缘子红外图像的原理如图 3-11 所示。

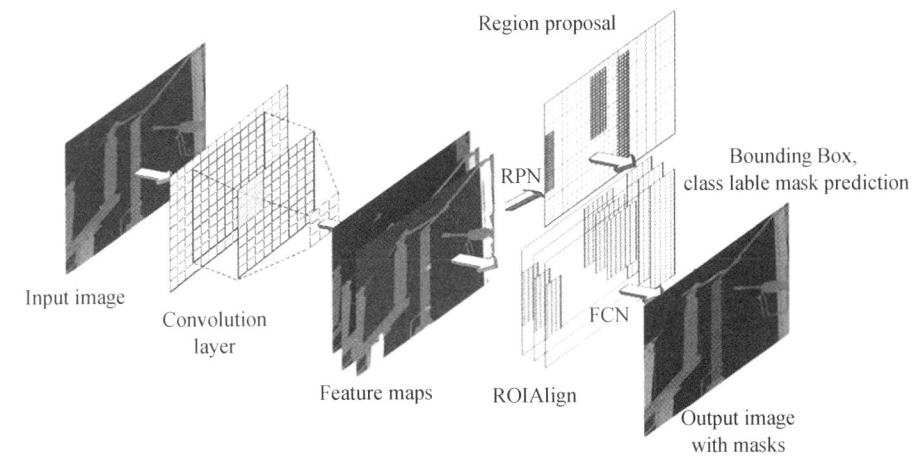

图 3-11　绝缘子实例分割流程图

为了解决最常见的导致训练失败的小样本量（Small Sample Size，SSS）问题，我们采用迁移学习的方法完成了 Mask R-CNN 模型的初步训练。其中，利用有限数量的红外图像标注裁剪出 COCO 数据集；其他红外图像作为验证集和测试集，确定 Mask R-CNN 权重。事实上，在神经网络的训练过程中，网络参数的调整仍依赖于人类经验的参与，如学习率、隐藏单元的数量、小批量大小、训练策略、每 epoch 的迭代次数等。因此，当样本量较小时，人工干预对网络精度有直接影响。

在实例分割质量高的情况下，通过函数拟合将温度灰度值转换为温度矩阵，可较方便地得到目标的温度分布。如图 3-12 所示为绝缘子的实际诊断案例。实现故障自动诊断的主要步骤如下：

首先，利用经过训练的 Mask R-CNN 模型，对原始红外图像进行实例分割，返回 Mask 区域坐标，如图 3-12（a）和（b）所示。

其次，从绝缘子掩模像素点中提取温度信息，如图 3-12（c）所示。通过图像灰度化，将掩模区域的伪颜色信息转换为灰度值，如图（c）（1）和（2）所示。在此基础上，用掩模区域每个像素的灰度值拟合温度值，如图（c）（3）和（4）所示。

最后，根据异常温值将绝缘子判断为故障状态，结合温度分布信息，认为故障的潜在原因是横向或纵向裂纹。

基于图像的智能故障识别作为一种数据驱动的特征提取方法,与半自动方法相比,具有更准确、更通用的表达能力。它能准确提取复杂背景下的电力设备,同时识别多种类型的设备。然而,这些模型的准确性和泛化能力依赖于设备红外数据集,而建立这些数据集需要大量的人力和时间,现有的目标检测模型的性能仍无法达到人工识别的水平。与此同时,随着模型日益复杂化,它需要更多的硬件支持其计算能力。

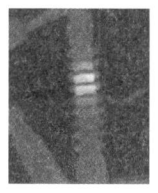

(a) 绝缘子红外图像

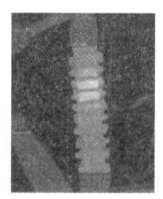

(b) 实例分割结果

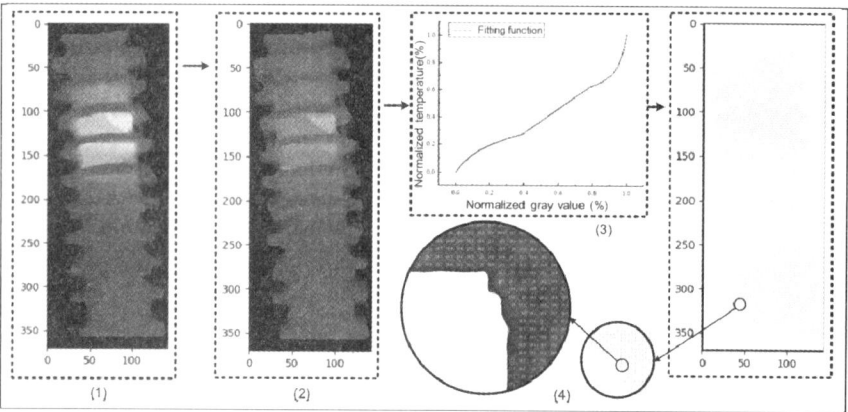

(c) 绝缘子掩模像素点温度提取

图 3-12　运行绝缘子故障诊断结果

3.2　紫外成像技术

在高压设备电离放电时,在电离过程中,电子释放能量时,会辐射出光波和声波,还有臭氧、紫外线、微量的硝酸等。紫外成像技术是利用特殊的仪器接受电晕放电产生的紫外信号,经处理后成像并与可见光图像叠加,达到确定电晕位置和强度的目的,从而为进一步评价设备的运行情况提供依据。

电力系统中高压输变电设备在大气环境中工作,在某些情况下由于绝缘性能的降低,会产生电晕和表面局部放电现象,使设备绝缘能力下降而引发闪络事故,造成供电中断,给生产生活带来损失,严重时甚至影响人身和设备安全。因此及时准确地对高压电气设备外绝缘放电进行检测,对于保证电力系统的可靠运行具有重要的意义。

3.2 紫外成像技术

传统的电晕放电检测方法主要有：观察法、超声波检测、泄漏电流在线监测和红外成像仪观测等，紫外成像检测技术是近几年新兴的一种远距离检测交流高压线路、输变电设备外部绝缘状态的新技术，它能够发现引起电场异常的设备缺陷，精确定位放电位置、观察放电情况[3]，再通过分析判断电晕放电对电气设备外绝缘造成的危害。引起高压电气设备外绝缘放电的原因，有必要利用紫外成像技术研究运行中的高压电气设备的电晕特性变化，研究这些变化与设备外绝缘特性之间的关系，对其外部状态进行准确评估。该项技术因其具有简单高效、直观形象，且不影响设备运行、安全方便等优点，在电力系统中得到了广泛的推广和应用。

3.2.1 紫外日盲成像原理及装置

在电晕和表面局部放电过程中，放电部位将辐射大量紫外线，紫外成像法就是利用检测电晕和局部放电中所产生的紫外线，间接评估运行设备的绝缘状况，并及时发现设备的绝缘缺陷。紫外成像法主要应用于户外的变电所或高压架空线路的放电检测，因此检测中必须考虑环境因素的影响。

电气设备如果出现外绝缘缺陷，可能引起外部场强的变化，当局部场强达到 24～30 kV/cm 时，会产生电晕或局部放电现象。放电将引起空气分子电离，在带电质点复合的过程中，会产生声波、光波和电磁辐射等特征信号。放电较弱时，高压设备放电产生的光信号波长主要为 280～400 nm，即在紫外波段，也有小部分波长为 230～280 nm。紫外检测的基本原理在于检测这部分可见光范围外人眼不可见的紫外光，用探测紫外光的方法来检测电气设备外绝缘放电，再通过分析判断电气设备外绝缘的真实状况。

紫外成像系统的整体结构如图 3-13 所示。

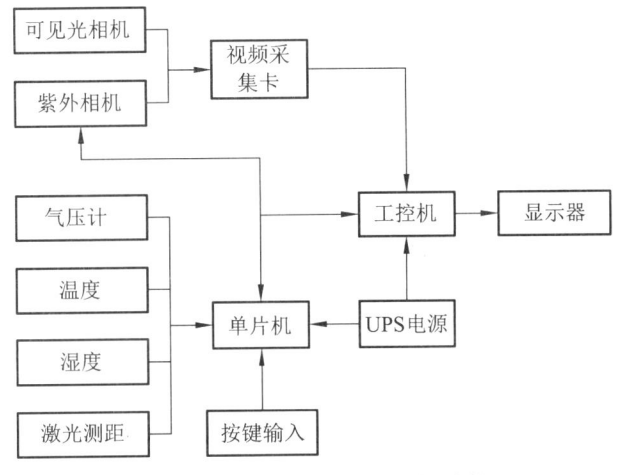

图 3-13 紫外成像系统整体结构

可见光相机：用于拍摄电气设备本体照片，配合紫外成像仪进行放电点定位与紫外成像仪瞄准对焦，输出信号为模拟视频信号。

紫外相机：用于检测电气设备放电时辐射的日盲波段的紫外光，内部通过信号加强与 CCD 成像将紫外光转换为光斑视频，从而反映放电的强弱。

气压计：气压计一般用于测量当地海拔高度。根据气体放电理论，气压的大小与放电有一定的相关性，因此获得的气压参数可用于分析研究气压对电气设备放电的影响，以及高海拔地区电气设备的设计与选型。

温湿度：作为最基本的气象参数，温湿度与电气设备的放电紧密相关，取得电气设备放电时的温湿度参数，便于控制试验条件，可以进一步研究放电的影响因素以及在恶劣天气下的危险预警。

激光测距仪：由于紫外成像仪是一种光学传感器，距离与成像有较大的相关性，而现场的拍摄距离往往较不确定，因此需要将不同拍摄距离下的紫外图像作归一化处理，拍摄距离至关重要。

视频采集卡：视频采集卡用于将紫外相机与可见光相机输出的模拟视频数据转换为工控机可采集识别的数字信号，其功能主要是转换视频，作为连接工控机与紫外相机和可见光相机的纽带。

按键输入：基本的用户输入接口，包括设备开机，紫外相机曝光门时间与紫外图像增益，激光探头开关。

UPS 电源：为整个系统供电，电池电量较低时将自动关机，保证数据不丢失。接通电源时，为系统供电的同时也给电池充电，未接电源则通过电池供电，续航时间可达 4 小时。

工控机：作为整个系统的控制核心，负责接收和处理紫外视频、可见光视频、各个传感器数据，数据的管理与存储，运行诊断算法进行图像识别处理与故障检测诊断。

显示器：该显示屏为触摸屏，用于显示紫外图像，以及与用户进行交互。

利用特殊的仪器接受电晕放电产生的紫外信号，经处理后成像并与可见光图像叠加，达到确定电晕位置和强度的目的，从而为进一步评价设备的运行情况提供依据。紫外线的波长范围是 100～400 nm，太阳光中也含紫外线，但由于地球的臭氧层吸收了部分波长的紫外线，实际辐射到地面的太阳紫外线波长大多在 280 nm 以上，低于 280 nm 的波长区间称为太阳盲区。

空气中的氮气电离时产生紫外线光谱的波长大多在 280～400 nm，只有很少一部分波长小于 280 nm，即处于太阳盲区内，因此若能探测到太阳盲区内的紫外光，只可能是来自地球上的辐射。所以此时检测出的低于 280 nm 波长的紫外线，一般由电气设备放电所辐射。

空气中典型的电晕放电强度及波长分布如图 3-14 所示，横坐标表示电晕波长，纵坐标表示放电相对强度,由于空气中电晕放电的强度较小,因此显示在图中的电晕强度值也很小,为了观察方便,图中显示的放电强度是实际电晕放电强度的 100 倍。

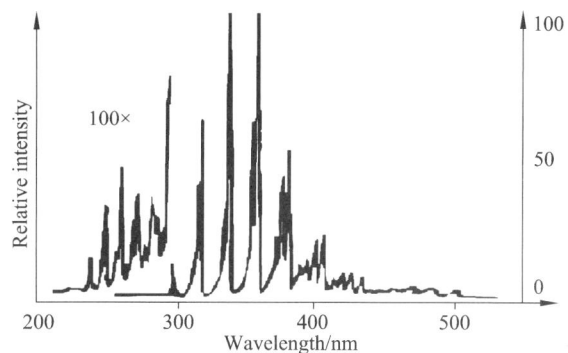

图 3-14　空气中典型的电晕放电强度及波长分布图

紫外成像仪主要用于检测太阳盲区的紫外波段,主要是探测电晕放电产生的 240~280 nm 波段紫外光信号,将其转变为可见光图像,实现对放电信号的检测[6]。日盲型紫外成像仪探测放电基本原理图 3-15 所示。

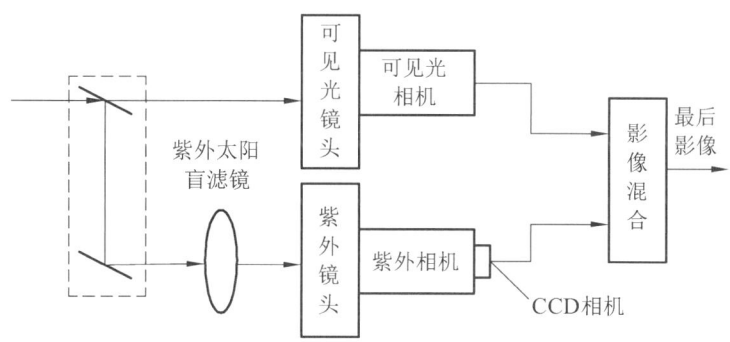

图 3-15　紫外成像仪的原理

紫外成像检测使用了特种设备模块接收各种不同波段的光源(含可见光和紫外光等)照射,其中分光镜将接收到的光源分为两组,分别进入不同的视频通道:其中一组光源投入可见光通道,而另一路光源投入紫外光通道。可见光通道用于探测可见光信号,拍摄电气设备和环境等照片;紫外光通道将紫外光转变为可视化图像,实现检测放电。最后经过图像叠加程序使得两个不同通道形成的图像加以融合,得到主要内容为电气设备表面发生放电的合成图像,从而可以定位放电点,并根据相关程序得到的显示参数判断放电强度。

紫外成像仪采用了双光路成像技术,其中的一路探测紫外通道仅对放电发光区域进行成像，无法看到设备本体，为了能定位放电位置，仪器内部采用了图像融合算法将紫外图像叠加到可见光图像上，从而显示出放电位置。可见光信号对设备本体进行成像，而另一路则为 240～280 nm 波段的紫外光信号。紫外镜头内部示意图如图 3-16 所示。

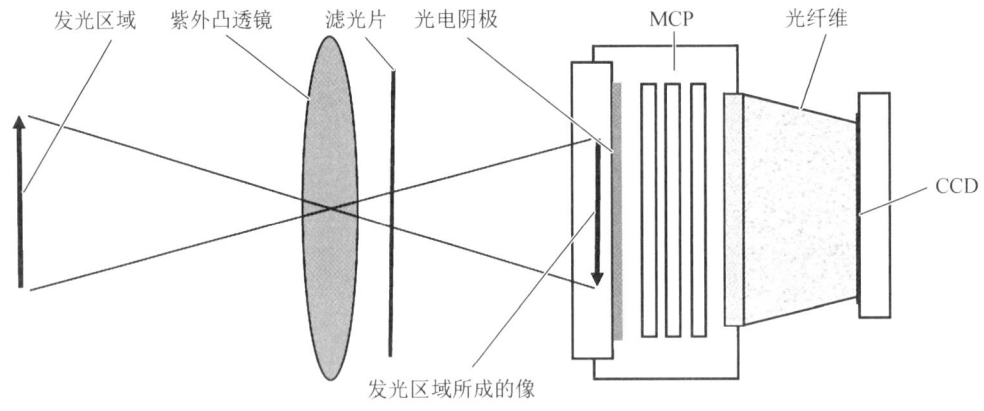

图 3-16　紫外镜头结构图

（1）日盲滤光片：可滤除 40～280 nm 范围外波长之间的光干扰信号，只保留固定波长范围的光信号。

（2）光电阴极：光电阴极的作用是将紫外辐射图像转换为相应的电子图像。

（3）MCP：是一种二维电子倍增器件，通过增加输出端的电子密度，提高增益后可提供更清晰的光斑电子图像。

日盲紫外 ICCD 相机是全日盲型紫外成像仪的核心成像组件，它主要由双 MCP 紫外像增强器、光锥、CCD 成像组件、双 MCP 紫外线增强器高压选通电源、高压选通电源控制单元等构成，如图 3-17 所示。

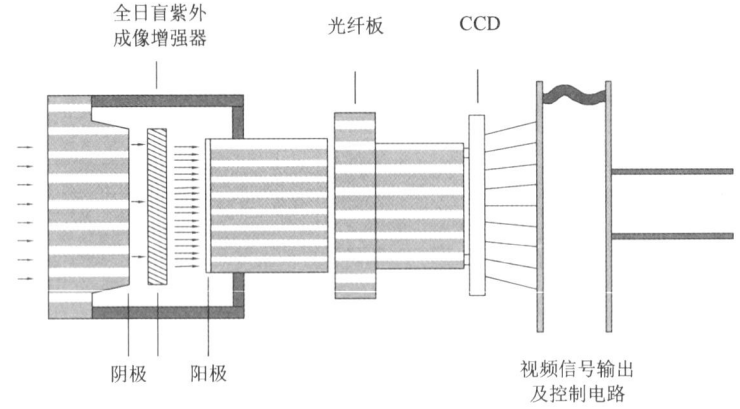

图 3-17　日盲紫外 ICCD 相机构成示意图

3.2.2 紫外成像应用方法

紫外成像测试能够对非可见光的电晕以及表面局部放电进行检测。在电场中,带电设备的电场分布能够通过发光强度以及局部放电(电晕放电)的空间分布来表现,其能够与红外热成像、超声波检测形成有效互补。电场分布不均匀导致局部产生电场畸变,进而致使在局部放电时产生超声波信号,利用超声波检测仪可检测设备是否存在局部放电;红外热成像则能够对温度场的分布进行有效反应,能够及时发现设备中是否存在过热现象的缺陷;紫外图像能够对空间电场分布进行有效反应,进而观测到带电设备电场中是否存在异常。

所谓紫外检测技术,主要是指对电气设备的电晕放电以及表面的局部放电情况进行有效检测,通过紫外放电技术及时发现电晕等微弱放电缺陷,也能及时发现放电能量过高的问题,以保护电网正常运行。如今,供电系统的规模在逐渐扩大,所负荷的电力要求越来越高,压设备的损害可能导致故障的产生,进而使得绝缘性降低,放电以及电晕辐射大量紫外线。

紫外成像的应用主要体现在:

(1)检查并发现劣化绝缘子的缺陷、表面放电和污染(见图3-18)。

图3-18 紫外成像测试放电的绝缘子

绝缘子上污垢沉积和盐密度增加会导致其绝缘性能下降,绝缘子自身老化也会增加漏电风险。使用紫外成像技术,能够在一定距离内有效察觉放电,准确定位放电位置,对其危害性进行定量测定和综合评估。使用紫外成像仪还可以观察试验品的电气耐压性能,在进行高压设备和绝缘设备的电气耐压试验时,使用紫外成像仪,能够直观地观察设备是否在试验过程中发生了闪络,如果能够观察到电晕,表示设备绝缘性能不合格,需要结合电力产品的材料、结构、使用情况对绝缘缺陷的严重程度进行评估。与此同时,紫外成像检测结果还能够用于电力产品的寿命预测,建立紫外成像检测结果数据库,以方便诊断、分析和评估,甚至有希望发展为行业标准。

(2)检测架空线路导线,检测因外界损伤所造成的散股以及断股问题。

导线架线操作或使用过程中有可能出现绝缘损伤,外部损伤、断股、散股等均可以使用紫外成像技术进行检测。导线表面以及内部结构异常均会导致周围电场分布发生变化或连续性改变,满足条件就会产生电晕。导线外伤导致的放电电晕难以使用人工方式进行检测,但利用紫外成像技术则能够快速定位故障点,在日常巡查、工程验收和故障检测方面有着较广泛的应用。变电站内高压设备表面污染会影响设备的绝缘性能,可能导致闪络放电,并产生电晕。高压设备污染表面往往较粗糙,一定电压下就会放电,应用紫外成像技术,能够准确地反映出导线的污染程度,清晰查看污染物分布情况,配合高倍显微镜,能够更加直观地了解污染情况,给制定科学的检修计划、预防闪络、爬电提供较科学的依据。如图 3-19 所示。

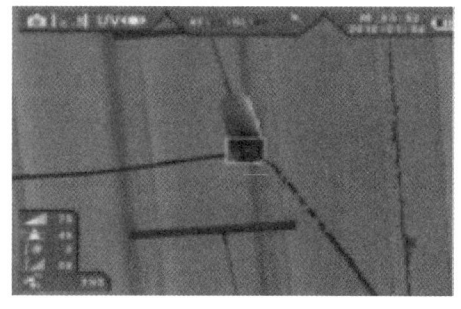 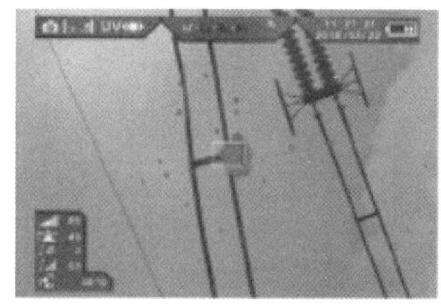

(a)导线表面放电　　　　　　　　　　(b)跨线支撑线棒放电

图 3-19　导线放电的紫外成像

导线表面或内部损伤、跨线支撑线棒出现松动以及连接不牢固等均可能导致其附近电场强度变强,在一定条件下会产生电晕。这种电晕通过人工方式难以判断,但使用紫外成像技术可轻松检测,这对于日常巡查和检验工程质量具有重要的意义,如图 3-20 所示。

(3)对电力工程质量进行检测,避免安装不当或接地不良等情况发生。

对高压设备的污染程度进行检测,主要包括因表面脏污所造成的电晕以及因脏污导致放电等一系列问题,均能够通过上述技术进行有效的分析。

3.2 紫外成像技术

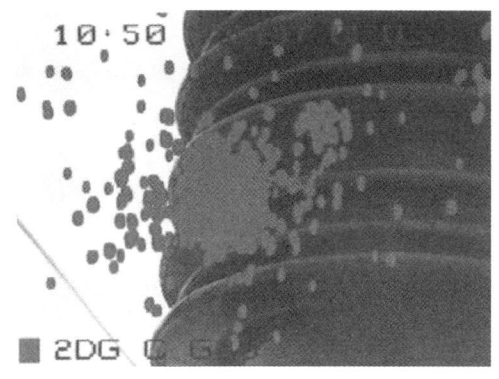

图 3-20　紫外成像测试放电的电压互感器外绝缘

污染物积聚会导致高压设备表面凹凸不平、电场分布不均匀，在一定电压条件下会导致放电。导线的污染程度、绝缘子上污染物的分布情况等，均可利用该技术进行有效分析。如果结合高倍望远镜的观察结果，可制定科学的检修计划，为防止污闪和爬电的发生提供有力的参考依据，如图 3-21 所示。

 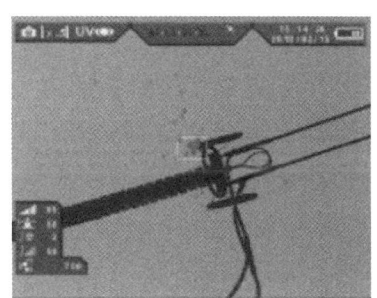

（a）断路器外绝缘放电　　　　　　（b）均压环放电

图 3-21　高压设备放电的紫外图像

在运行的过程中，要对劣化的绝缘子进行相应的检测。若有绝缘子存在裂纹，这可能导致气隙的产生，在特定的情况下可能会导致放电的产生。如果，绝缘子的表面产生裂纹以及碳化通道，那么绝缘子易发生故障，会在短时间内很可能发生演变，导致绝缘子击穿事故。通过对上述的技术进行有效的运用，能够在一定灵敏度以及距离内对劣化绝缘子进行定性及定位检测，及时预测并阻止危险的发生。

电晕一般产生在正弦波波峰、波谷位置，高压设备电晕初期放电是不连续的，紫外成像仪能够充分利用高压设备放电的特点，采用如下两个模式进行工作：

（1）活动模式：活动模式对高压设备放电情况进行实时观察，计算区域内紫外线光子总量，进行定量分析和比较。

（2）集成模式：集成模式将在一个时间段内采集紫红外线光子，并将其显示在屏幕上，使用 FIFO 动态平均算法进行实时更新，能够获得清晰的设备放电区域轮廓。

3.2.3 电力设备外绝缘故障诊断

如图 3-22 所示，为 2015 年 1 月在新疆的变电站及输电线路拍到的污秽放电的紫外图像，现场温度为 0 ℃，天气阴，将要下雪，现场湿度为 91%。由于此变电站的输电线路所处环境在冬天很少降水，该线路有着严重的污秽现象，所以在高湿环境下易导致表面污秽放电。

相邻绝缘子之间都会存在一定的放电，因此，所检测的紫外光斑可能会出现一定的重叠，这会对串方向光斑的大小造成一定的影响。此外，尽管绝缘子的直径存在差异，但 750 kV 的伞盘直径较大，当放电光斑没有差异时，光斑的直径较小，说明有较好的绝缘性，与实际相符。

紫外成像技术能够以图片和视频的形式，更加直观、准确地发现设备的放电位置和放电强度；受环境影响小，能够过滤掉大气中的紫外线，而只检测设备放电时所产生的紫外线；能够发现设备的前端隐性故障，全面了解电力设备运行状况，加强故障诊断能力，从而提前做好检修计划。

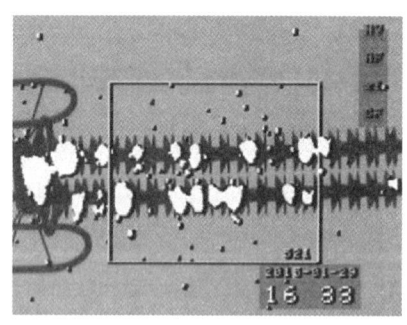 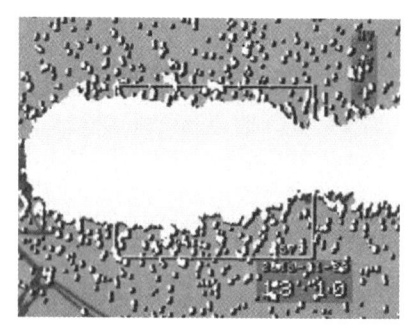

（a）变电站内放电紫外图像（增益=50%）　　（b）输电线路放电紫外图像（增益=70%）

图 3-22　现场绝缘子污秽放电紫外图像

故障放电在紫外图像上的表现是白色的光斑，放电程度越大，该光斑越大。通过图像预处理，可以滤除图像背景，提取其光斑部分并计算光斑面积等特征。以绝缘子表面污秽放电的紫外图像为例，提取其紫外光斑面积等特征。紫外图像需经过灰度化和二值分割。如图 3-23（a）所示为绝缘子污秽放电的紫外图像，如图 3-23（b）所示为将彩色 RGB 图像灰度化后的图像，转换公式为：$Gray = R \times 0.299 + G \times 0.587 + B \times 0.114$，灰度值范围为 0~255。二值分割是通过设定一个灰度阈值将灰度图像转换为二值图像，设定的灰度阈值为 220，分割效果如图 3-23（c）所示。图像预处理后计算二值图像中白色部分的面积，即为紫外图像的光斑面积。

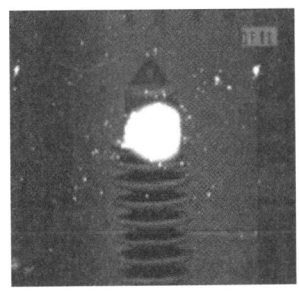
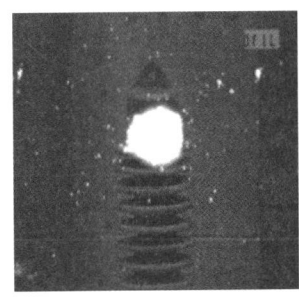
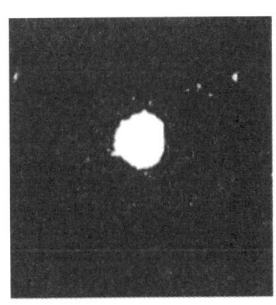

（a）原图　　　　　　　（b）灰度化值图像　　　　　　（c）二值图像

图 3-23　绝缘子紫外图像阈值分割

对紫外视频图像进行处理，可得到光斑面积随时间变化的序列。接触网上设备放电的紫外光斑在视频中持续的时间约为 10 帧，以连续 10 帧放电图像的光斑面积平均值作为紫外图像的特征量以衡量放电的强度。在环境湿度为 80%，拍摄距离 7 m，拍摄增益 110%，拍摄仰角 0° 时，所测得连续 10 帧紫外图像平均光斑面积和对应时间的视在放电量的关系如图 3-24 所示。

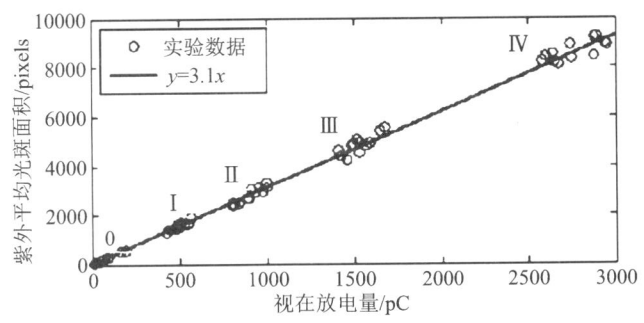

图 3-24　紫外光斑面积与放电量的关系

从图 3-23 可以看出，在该拍摄参数下，连续 10 帧紫外图像的平均光斑面积 S（pixels）与所测得的视在放电量 Q（pC）基本呈线性关系。通过线性拟合可拟合出在该距离下平均光斑面积与视在放电量的比值 K 约为 3.10。

1. 影响检测结果的因素

1）检测距离的影响

针对检测距离对检测结果的影响，开展了很多研究，并形成了标准。在实际检测中，尽量先把光子数的检测结果折算到相同距离条件下，再进行分析比较。

在增益110%时，对不同观测距离下的绝缘子污秽放电稳定性的紫外光斑图像进行分析，得到如图3-25所示图像。

（a）5m　　　　　　　　（b）7m　　　　　　　　（c）9m

图3-25　不同观测距离下的绝缘子污秽放电稳定性

可以发现：随着观测距离的增加，所检测到的光子数呈减少的趋势。

2）环境的影响

以污秽检测为例，环境中的温度、湿度、气压和风力都会影响检测结果。在高温度、低气压的环境中比在低温度、高气压环境中更易发生放电。风力对检测结果的影响一般可忽略，但仍建议在无风或微风条件下进行检测。湿度对检测结果的影响较为复杂，部分情况下湿度会使电晕强度降低，也可能会使电晕强度增大。比如，当绝缘子较干净时，表面湿润会使电压分布较均匀，放电强度降低；当绝缘子表面污秽较严重时，污秽易溶解到水中，导致泄漏电流增大，易形成局部干区和局部沿面放电，放电光子数是干燥情况下的数倍，使电晕强度增加。因此，需要根据现场情况进行具体分析。

3）参数设置的影响

增益设置、拍摄仰角等参数设置也会对检测结果造成影响。

由于放电光谱在传输过程中会发生损耗，最终到达检测传感器的光子数较少，为提高检测的准确性，需要对进入光学系统的紫外光子进行放大。检测设备不同，增益设置也不相同。建议进行检测时，先将增益设置为最大，再根据实际情况进行调节，以获得较稳定的光谱。

紫外成像仪的增益调节范围为 0%～200%，根据实际使用情况，增益值取 70%～130% 时，对放电区域的检测效果较好。增益过小，无法检测到较弱的放电，紫外图像无法反映绝缘子真实的放电情况；增益过大，获得的紫外图像失真较为严重，且由于光电成像的饱和特性，当增益很大时，即使进一步增大增益也无法起到调节作用。在此通过实验可研究：当观测距离一定时，光斑面积与仪器增益之间的关系。选取等值附盐密度 $ESDD = 0.35 \text{ mg/cm}^2$，灰密 $NSDD = 1 \text{ mg/cm}^2$ 的接触网腕臂绝缘子在湿度 70% 下的放电视频为研究对象，如图 3-26 所示为观测距离 9 m，仪器增益分别为 70%、90%、110%、130% 时，绝缘子污秽放电稳定性紫外光斑图像。

（a）增益 70%

（b）增益 90%

（c）增益 110%

（d）增益 130%

图 3-26　绝缘子污秽放电稳定性的紫外光斑图像

当以仰角为变量，距离为 7 m，增益为 110% 时，紫外平均光斑面积与视在放电量的比值 K 随拍摄仰角的变化趋势如图 3-27 所示。

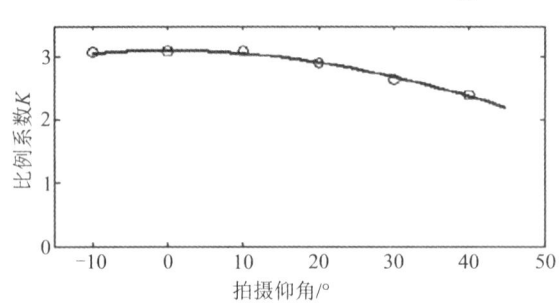

图 3-27 比例系数 K 与拍摄仰角的关系

通过不同拍摄参数下的紫外图像特征与视在放电量的对应关系，可以实现基于紫外图像的电气设备放电量的检测，为后续评估故障程度提供依据。

2. 图像处理及数据分析方法

由紫外成像法检测原理可知，由于放电点距离较远且放电强度一般较弱，到达紫外成像设备的光子数量很少，因此在紫外成像设备成像过程中，光电阴极产生的光电子需要通过微通道板增强器才能探测到电力系统中紫外目标电晕的存在。微通道板增强器在电子倍增过程中对紫外目标进行放大的同时，不可避免地将噪声信号同时放大，且由于紫外成像设备本身存在暗电子发射，即便在没有紫外目标的前提下，同样能够形成对图像的噪声干扰。紫外图像噪声主要表现为细小颗粒性的时间、空间随机闪烁亮点，即麻点噪声（又称为椒盐噪声）和散粒噪声。

经典滤波基本可分为空间域法和频率域法两大类。空间域法是指在图像上借助模板进行邻域操作完成，直接在空域内对像素值处理。频率域法是指在图像的变换域上进行处理，使图像在变换域某个范围内的分量受到抑制，而让其余分量不受影响，从而改变输出图像的频率分布，达到去噪目的，此处不再赘述。

3.3 可见光成像技术

可见光的成像原理是通过捕获物体反射的可见光波段，所得到的可见光则对场景中的亮度变化比较敏感，场景中的热对比度无法被可见光传感器分辨，所以可见光图像对比度更好，更符合人类视觉的特征。

可见光是电磁波谱中人类眼睛能够感知的部分，一般人眼可以感知的电磁波的波长在 400~760 nm，波长不同的电磁波可引起人眼的视觉感受不同。从表 3-7 可知，不同波长光线对应着不同的颜色。

3.3 可见光成像技术

表 3-7 不同波长光线的颜色

波长/nm	350~455	455~492	492~577	577~597	597~622	622~770
颜色	紫	蓝	绿	黄	橙	红

3.3.1 可见光图像获取

在所有的信息类型中，图像信息所含的内容最为丰富，也最方便人们分析与理解。根据图像传感器输出信号类型的不同，可分为数字类型和模拟类型；根据材料的不同，可分为 CMOS 类型和 CCD 类型。目前，电子智能产品中的摄像头图像传感器绝大多数采用 CMOS 类型的数字摄像头图像传感器。图像传感器是摄像头模块的核心部件。

系统的图像通过红外图像传感器及可见光图像传感器采集，可见光图像传感器采用 CMOS 图像传感器（CMOS Image Sensor，CIS），下面具体介绍其工作原理：

CMOS 图像传感器采用光电二极管阵列，利用光电效应将可见光信号直接转换为电信号。CMOS 图像传感器经历了从无源像素传感器到有源像素传感器的发展变化，最后使用了数字像素传感器、像素单元里集成 ADC（模数转换器）。这样使得传感器内部大部分为数字逻辑电路，减少了噪声干扰的同时，大幅度增加像素读出速率。数字像素传感器得益于这种像元级 ADC 结构各方面性能得到了很大的提升。像元级 ADC 结构如图 3-28 所示。

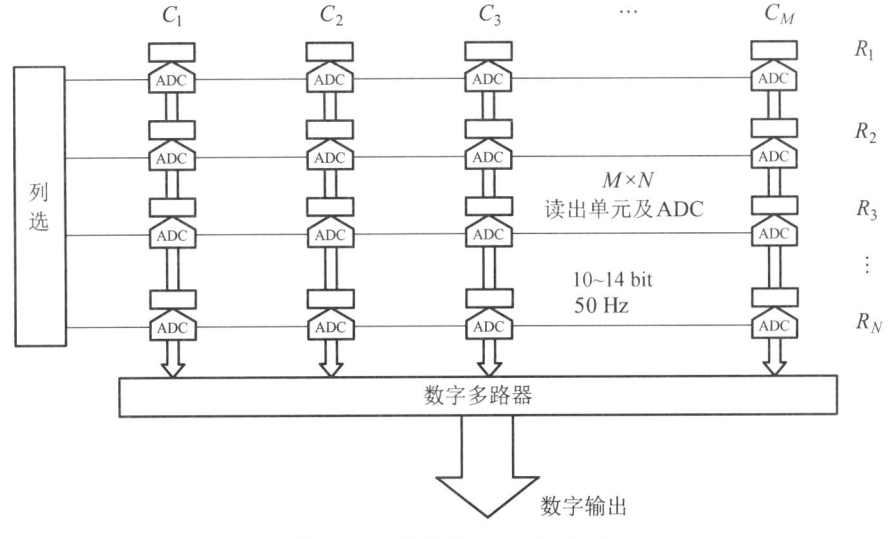

图 3-28 像元级 ADC 结构图

不同于红外图像传感器，CMOS 图像传感器仅能得到灰度图，它利用传感器表面的像素级滤光片，透过不同波长的光信号得到物体表面反射的不同波长光信号的强度，最后再采用算法还原物体颜色。目前采用较多滤光片阵列排列方式为拜耳阵列，拜耳阵列采用红绿蓝（RGB）三原色的滤光片。图像的彩色空间有 RGB、IHS 和 YUV 色彩空间，这几种色彩空间可以相互转换。RGB 色彩空间通常应用于计算机内定量处理色彩，RGB 中的 R、G、B 代表红色、绿色和蓝色，三种基础色叠加可形成其他颜色。

目前 CMOS 图像传感器的集成度较高，内部除了用于感光的像元阵列外，通常集成了时序驱动电路、信号处理电路、自动曝光控制器、锁相环以及温度传感器等功能模块，这种单片系统集成电路使得开发难度降低。

3.3.2 可见光图像的典型应用

随着我国经济的快速发展，各行各业对电力方面的要求越来越高，电力设备的规模也愈加完善，电网的安全性和可靠性不断提高。在早期，电力设备的维修都是在事故之后进行，这种检测和维修方式无法确保电力系统可不间断地正常工作，对国民经济会造成巨大的损失。目前，相关从业人员采用的检测和维修方式是定期对电力设备进行故障预判和诊断，以及定期进行预防性的试验和维修，这对降低和防止事故的发生起到了关键的作用。变电站作为电力系统中的重要组成部分，变电站设备的安全性在整个电力系统安全维护中占有重要的位置。但变电设备长期处于高温、高压、高负载的运行状态下，容易受到自然环境的影响，这就给变电站的故障诊断和维修带来一系列难题。

1. 覆冰检测

巡检机器人对输电线路的状态特征提取采用图像分析法，即巡检机器人具有摄影技术，通过控制巡检机器人的移动，对输电线路的各个部位进行拍摄，以进行状态特征图像提取。对于输电线路的状态特征提取可在输电线路总体状态特征、输电线路局部状态特征、输电线路覆冰厚度状态特征三方面进行提取。

线路上有明显的覆冰，如图 3-29 所示。

2. 污秽检测

绝缘子盘面从积污到发生污秽闪络是一个缓慢而复杂的动态发展过程，在这个过程中不仅绝缘子承受的电压电流会发生变化而且还会产生声、光、热等的物理现象。

在绝缘子发生污闪的三个必备条件（表面形成污秽层、潮湿的环境和施加其上的电压）中，污秽物是最基本的前提条件，并且还是导致污秽事故发生的最根本因素。绝缘子的可见光图像反映的是绝缘子表面颜色或绝缘子表面覆灰后的颜色特征。所以将可见光图像用于检测绝缘子的污秽情况只专注于绝缘子表面污秽特征的因素,而不考虑潮湿和电压电流等的因素,因而此种绝缘子污秽检测方法的检测要求较低。

图 3-29　明显覆冰图

此种检测方法经济且方便,不必进行断电操作,不必拆解绝缘子,无须使用精密、昂贵、笨重的仪器设备,不易受电磁干扰,也不必在电晕放电或污闪电压下检测。它是一种非接触的、在线的、操作简单的检测方法,因而该方法具有良好的应用前景。

3．绝缘子自爆

绝缘子自爆是指在冷、热、机械和电气负荷作用下,绝缘子自行破裂的现象。绝缘子的生产工艺和设备在运输和储存过程,输电线路上的绝缘子长期暴露在自然环境,绝缘子在安装或使用过程中受到器械外力的损坏,都会引起自爆。可见光图像的方法可以较简单直观地对其进行检测,如图 3-30 所示。

图 3-30　绝缘子自爆的可见光图

4. 可见光与红外成像

在环境光照条件较差时，可见光摄像机很难滤除干扰，其捕获的图像质量受到严重影响，因此使得整个检测系统的检测能力大打折扣。其次可见光图像仅表现外在信息，无法判断事物状态功能信息。

因此可见光成像在具体应用时一般与红外成像相结合。

变电站的红外无人监控系统是集可见光图像、红外热图像于一体的实时监测、监控系统。由于红外成像比较模糊，灰度变化比较缓慢，对场景中的形状细节的表现较为模糊，图像中的边缘线条圆滑，部分细节较不清楚。在对电气设备的监测时，红外图像无法十分准确地显示出设备的纹理细节，给辨别设备的类型带来了较大的困难。可见光图像却能够较为清晰地反映场景的纹理信息和边缘信息。通过把实时变电站的红外热图像和可见光图像加以融合即可得到效果较好的图像，不仅能准确地判断出故障的具体位置，更有助于系统或工作人员判别故障的具体类型。

红外成像是热成像技术，能够感知物体表面的温度，通过红外成像检测发热故障是一种十分有效的检测手段。对变电设备可以通过红外热像仪生成红外图像，红外图像上可以体现出特定点处的温度值，结合相应的判据，判断出设备是否处于正常状态下，如果设备出现故障会自动报警，红外热成像技术在故障隐患检查和故障维修中提供了更快捷可靠的方法。将红外热成像技术推广应用到电力工业中，对保证电气设备的安全可靠运行，降低故障维修成本具有十分重要的意义。如图 3-31 和图 3-32 所示分别是 110 kV 变压器套管和 220 kV 变压器高压侧的红外热像图。

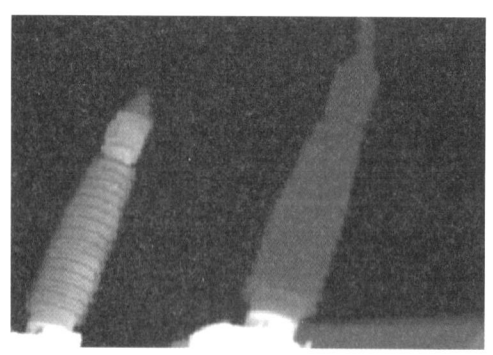

图 3-31　110 kV 变压器套管

图 3-32　220 kV 变压器高压侧

根据以上的分析，本章将图像融合技术应用到变电站设备监测中，完成了系统的软件部分设计，并提出了硬件部分的设计方案，实现了对变电站设备的可见光图像和红外热状态的远程监测，将传输回来的实时红外热图像和可见光图像加以处理并融合，不仅能及时发现因过热而导致的设备问题，而且能够清晰显示故障图像的轮廓和细节信息。该系统提高了红外检测技术的效率及监测系统的可靠性，具有较高的实际工程应用价值。系统监测的流程如图3-33所示。

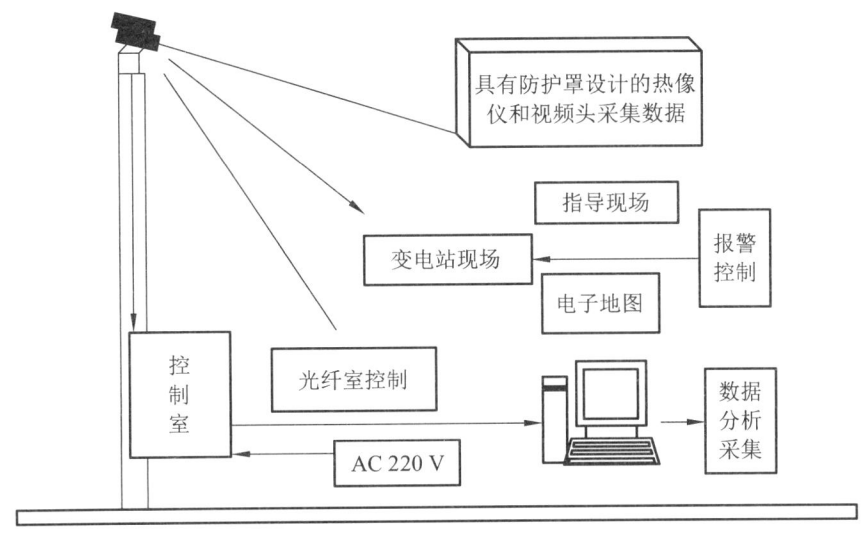

图3-33 系统监测的流程

该系统构建了双通道检测系统，包括红外传感器和可见光CCD传感器。系统中包括变电站端（服务端）监测系统、集控站端（客户端）系统和通信接口设备三个部分，客户端和变电站之间由光纤控制。在集控站端即客户端，通过监测软件实现监测。集控站中的工作人员还可控制云台实现远程实时监测设备各部分的状态，抓拍各部分的红外图像和可见光图像，在客户端软件上还可以看到对应位置的温度值和图像中的数据信息，并根据图像中的信息对电气设备进行故障诊断。

利用云南某变电站变压器的红外和可见光照片，可见光图像大小为252×288像素，红外图像为320×240像素，对光线充足和光线不足的变压器的红外与可见光图像分别进行预处理，如图3-34所示。

实验图像是从电气设备的不同角度或不同时间拍摄的红外与可见光图片，首先将这些图片进行分割、配准，根据场景是否光线充足选择是否进行融合，得到融合后图像。如图3-35所示为其中的一组例子。图片内容包括避雷器、磁柱式断路器、电压互感器和电流互感器。

（a）光线充足

（b）光线不足

图 3-34　光线充足和光线不足可见光、红外图像

图 3-35　图像融合案例

4 PART FOUR

电力设备光电传感技术及应用

4.1 紫外光辐射探测技术

4.1.1 紫外光辐射光电探测原理

1. 紫外光谱

1801年首次提及紫外辐射,J.W.Ritter 发现在短于紫光的非可见辐射条件下某种化学反应会被催化。随后1804年T.Young证明了这个化学活性辐射遵循干涉法则。后续其他的研究者也发现了这种现象,这证明了可见光和紫外光都是电磁辐射,只是光波长不同。现在普遍认为紫外光区域光波长为10~400 nm,它是一种具有高电离的辐射,能激活很多化学过程。太阳是自然界中最重要的紫外光源,紫外辐射一般被分为三个区域:低能量范围的UVA紫外线A[段]波长为320~400 nm;部分可被臭氧层吸收、占可到达地球表面的紫外辐射总量10%比例的UVB紫外线B[段],波长范围为320~280 nm,此类辐射危害人类的健康;另一种是具有最大能量范围的,也是最具危害且几乎完全被臭氧层吸收的UVC紫外线[段]区域的紫外光,波长在10~280 nm范围内。此外人们把波长在10~200 nm的紫外光又称为真空紫外光(VUV),可以被氧气吸收。

随着对紫外光的深入研究,紫外探测技术也被人们关注,它是继红外技术后的又一新型探测技术,目前已应用于在天文、环保、工业、军事和科研各领域中[1-3]。紫外探测技术在天文方面的应用被称为紫外线天文学,即通过外星星体所辐射紫外线的光谱探测来研究此外星;在环保方面它可以探测灾害天气的发生和监测海洋油污、汽车尾气、废气等;军事上主要用于导弹预警与追踪;它还适用于紫外通信,是一种全新的保密通信技术。高灵敏度、高性能、低噪声的紫外探测器件是紫外探测技术研究的核心。

2. 紫外光电探测器原理

基于光电效应制作的探测器被称为光电探测器，其中工作波长在紫外波段的探测器被称为紫外光电探测器。第一代用于紫外光电探测器的半导体材料是 Si。Si 基紫外光电二极管表现出一些 Si 技术本身固有的局限性，对于这些窄带系的半导体器件主要的缺点是：因暴露在比带隙宽度高很多的辐射下造成的器件老化问题。此外作为典型的钝化层 SiO_2 降低了器件在深紫外区域的量子效率，同时衰减了紫外辐射强度。另一个缺点是：器件对低能辐射的灵敏度问题。由于器件要求滤波器可以完全阻挡可见及红外光光子，这就导致器件的有效面积大量被损耗。最后，探测器的有源区必须进行冷却才能降低器件的暗电流，但是冷却的探测器会表现出冷的沾污陷阱，这会导致器件探测能力低下。

而对于基于 GaAs 等第二代半导体材料制作的紫外光电探测器也留存有一些难以克服的问题。就 GaAs 而言，基于 GaAs 制作的紫外光电探测器通常会出现严重的稳定性与可重复性问题。而第三代紫外半导体材料是宽带隙半导体材料，包括金刚石、SiC、Ⅲ族氮化物和一些Ⅱ-Ⅴ族化合物，这些器件则可以克服以上 Si、GaAs 基器件所述的一些问题。如表 4-1 所示列出了多种宽带隙半导体材料与 Si、GaAs 材料的性能。

表 4-1 被用于紫外光电探测器的半导体材料的基本参数

参 数	Si	CaAs	GaP	3C-SiC	4H-SiC	6H-SiC	Diamond	GaN	AlN	ZnS	ZnO	ZnSe	CdS
E_G/eV	1.12	1.43 direct	2.27	2.39	3.2	2.86	5.5	3.39 direct	6.2 direct	3.6 direct	3.35 direct	2.82 direct	2.50 direct
Thermal conductivity /W·cm^{-1}·K^{-1}	1.5	0.5	1.1	3.2	4.9	4.9	20	1.3	3.19			0.18	
Melting point/K	1 683	1 513	1 740	2 830	2 830		3 773					1 100	1 750
Electron saturation velocity /10^7 cm·s^{-1}	1	2	1.25		2	2	2.7	2.5	1.4				
Mobility /cm^2·V^{-1}·s^{-1} electrons	1 400	8 500	350	1 000	950	400	2 200	1 000	135	165			340
holes	600	400	100	50	120	75	1 600	30	14	5			340
dielectric constant	11.8	12.5	11.1	9.7	9.7	9.7	5.5	8.9	8.5	9.6	9.1		
Breakdown field /10^5 V·cm^{-1}	3	6	10	20	20	24	100	26	20				

宽带隙半导体材料本身具有一些优点，例如可室温操作、固有可见光盲性。从表 4-1 可以看到，宽带隙半导体材料的热导率高于 Si 材料，这使它们可以适用于在高温、高功率条件下工作；电子、空穴的迁移率低于一般的半导体材料，高电场下的电子速率非常大。另外，其是具有强的化学键，可耐辐射，器件一般是无须钝化的，这也使得其在短波长上的响应度和稳定性得到了改善。

宽带隙的半导体材料还存在一个有趣的性质为负电子亲和势。这一性质存在于带隙宽度大于 5.4 eV 的金刚石、AlN、BN 材料，这使它们可以作为有效的日盲型紫外光电阴极。CsI 化合物一直作为商用的光电阴极材料，它在 150 nm 波长处的量子效率为 40%，在 210 nm 处有一个陡峭的截止边，但是这种化合物不稳定，在潮湿、加热和高能辐射下会发生分解出现老化现象，而宽带隙半导体材料具有良好的热和化学稳定性，是代替 CsI 阴极的优异材料。

当然，它们也存在一些缺陷，而缺陷限制了这些材料的开发与利用：一方面就是晶体的质量问题，缺少适合的晶格常数相匹配的衬底材料使材料具有高的缺陷密度，这也影响了器件的性能，如可见光检测、泄漏电流、持续效应的存在。另一方面，在材料中掺杂剂具有高的激活能，为了达到合适的掺杂浓度，这就需要引入大量的掺杂杂质，最终将造成载流子迁移率的降低。最后一个挑战是接触的制备问题。

3．紫外探测器分类

紫外光电探测器依据其制作原理可分为以下三类：

1）外光电效应型紫外光电探测器

外光电效应型紫外光电探测器是基于金属材料的外光电效应原理制成。该类探测器在光源照射下会吸收和发射电子。一般在真空环境中，光子碰撞固体表面可产生光电子，在光电阴极表面与正极阳极之间的应用电压则会引起一个与入射光强度成比例的光电流，器件波长的敏感范围由表面材料的功函数决定；器件要求真空环境、体积大。器件结构如图 4-1 所示。

2）光伏效应型紫外光电探测器

光伏型紫外光电探测器一般由 MS 结或 PN 结构成，因此探测器内部会存在接触势垒，电阻会随着电压的变化而产生非线性变化。此外，通过在 N 型半导体和 P 型半导体之间加入一个不导电的中间层制作的光伏型紫外光电探测器，其利用中间层将 P-N 结分开，且中间层通常很薄，厚度约为几个原胞的厚度和。用该方法制作的紫外光电探测器的响应和恢复速度较为迅速，但是由于存在中间层，所以这种探测器的光响应度一般比依靠空穴-电子对复合的探测器要低。

电力设备光电传感技术及应用

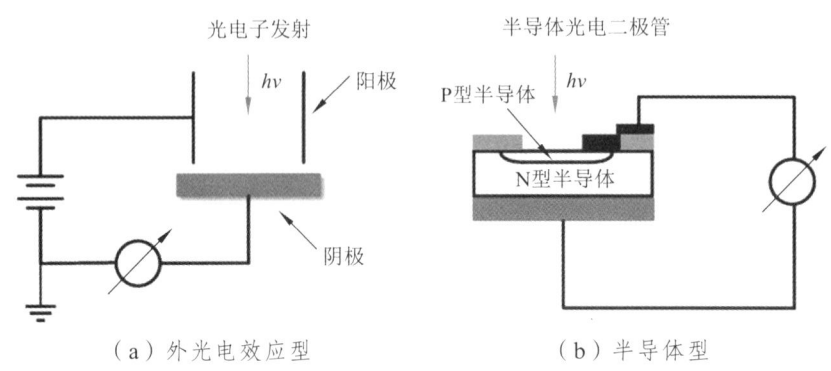

(a)外光电效应型　　　　　　　(b)半导体型

图 4-1　紫外探测器件结构图

3) 光电导型紫外光电探测器

光电导型紫外光电探测器通常由单个光敏半导体材料和金属连接，进而形成对称结构。该类探测器优点是光响应度高，但光电流变化缓慢需要施加外加偏压。通常，光伏型和光电导型探测器又统称为半导体探测器，光子在半导体材料中被吸收，从而产生电子-空穴对，在内建电场的作用下电子-空穴对分离，即该探测器是利用内光电效应工作的器件。

按照器件结构不同，紫外半导体探测器可分为 7 种类型：光电导、肖特基势垒二极管、MSM 二极管、MIS 结构、P-N 结和 P-I-N 光电二极管、场效应管、双极光电晶体管，如图 4-2 所示。紫外半导体光电探测器按基本工作模型可分为：光电导型探测器、光电二极管 PN 结型器件和肖特基势垒探测器。光电导型探测器本质上是光敏电阻，如图 4-3 (a) 所示。光电二极管器件和肖特基势垒器件就是光伏型探测器，它是一种结型器件，如图 4-3 (b) 所示。

光电导型探测器的最重要的优点是内部光电增益，这可以降低对低噪声前置放大器的要求。而 PN 结型探测器相对于光电导型探测器而言，其优点是可在低偏置或者零偏置条件下工作，高阻抗且可以在高频条件下操作并与平面工艺技术兼容。而在肖特基势垒探测器中，因为与扩散过程相比热发射过程占优，在给定的内建电压情况下，肖特基二极管的饱和电流高于 PN 结二极管几个数量级；对于相同的半导体材料而言，肖特基管的内建电压小于 PN 结二极管。然而 PN 结光电二极管的高频操作被少子存储问题所限制，且正向注入的载流子消除所需的时间由复合寿命决定。在肖特基二极管中，假设半导体为 N 型，在正偏条件下电子从半导体一侧注入金属一侧，随后它们通过载流子-载流子的碰撞快速升温，时间为 10～14 s，这个时间对比与少子复合寿命相比是可以忽略的。所以肖特基型的探测器具有高的响应速度，可以在更高的频率下工作。

4.1 紫外光辐射探测技术

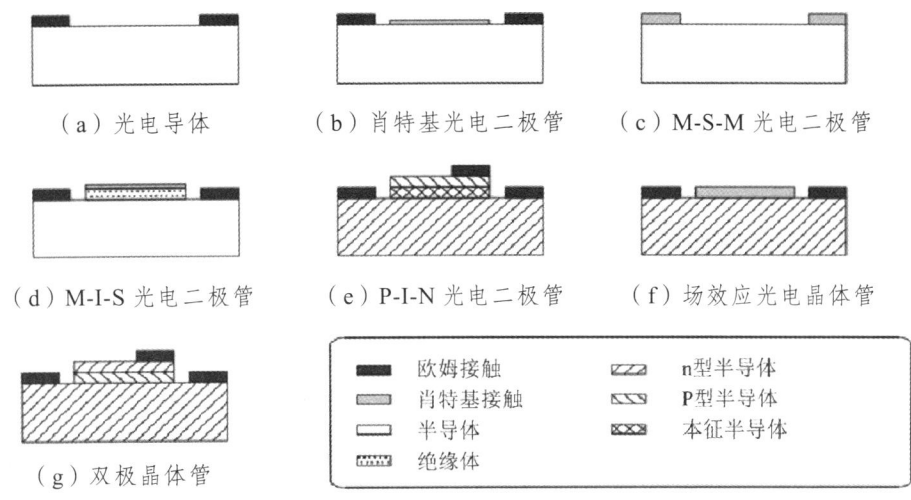

图 4-2 不同半导体光电探测器的结构示意图

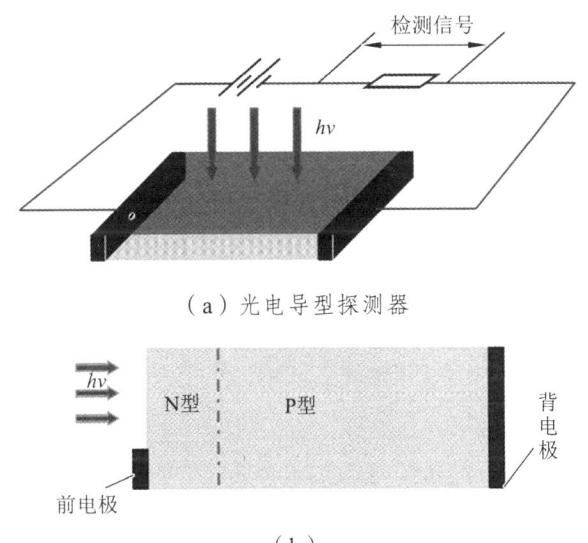

图 4-3 光电导探测器与光伏型 PN 结型探测器示意图

4.1.2 局部放电紫外光脉冲检测

1. 局部放电辐射

高压设备大多处于空气中,发生放电时根据电场强度(或电压差)的不同,会产生电晕、火花放电或弧光放电等。例如污秽绝缘子的放电起始阶段会在钢帽或钢脚处产生电晕放电,随着电压的升高会在伞裙处产生火花放电,其辐射光谱包括可见光、红外线和紫外线,不同放电类型产生的光波波长不同。电晕辐射的光,波长小于 400 mm 呈紫色,大部分为紫外线;强火花放电光辐射波长从 400 mm 扩展到 700 nm,呈橘红色,大部分为可见光。

由于空气中主要含有 N_2,它对放电的光辐射起着主要作用。氮原子基态的电子组态为 1S22S22P3,对应的光谱项为 2P、2D 和 4S。如表 4-2 所示给出了氮及氮类原子三个光谱项所对应的能量。

表 4-2 氮及氮类基态所对应的光谱项的能量(单位:2×13.6 eV)

光谱态	Z					
	7	8	9	10	11	12
4S	-54.541 8	-74.526 8	-97.769 1	-124.267	-154.018	-187.022
2P	-54.340 1	-74.269 2	-97.456 6	-123.9	-153.597	-186.548
2D	-54.420 2	-74.371 7	-97.581 1	-124.046	-153.765	-186.737

通过式(4-1)可知:

$$\lambda = \frac{1\,234}{U_i}(\text{nm}) \tag{4-1}$$

如原子欲从 S 到 P 的过程所需的电位大约为 5.49 eV,可得辐射光子的波长约为 224 nm。其他能态下的辐射光子波长大致在紫外范围内。因而可发现,氮及其氮类化合物是空气中局部放电产生紫外光的主要原因。如表 4-3 所示给出了大气压下电晕放电试验的光谱所对应的气体组成成分,进一步证实在 400 nm 以下,主要包括氮及其氮类化合物。

表 4-3 大气压下电晕放电所测光谱对应的可能气体成分

峰值波长(Å)	可能的气体成分及其辐射波长(Å)
2 979	N_2(2 976.8) CO(2 977.4)
3 168	N_2(3 161.9) O_3(3 177.0)
3 380	N_2(3 371.3) O_2(3 370) CO_2(3 370.0) CO(23 376.4)
3 572	NO(3 572.4) N_2(3 576.9) N_2^+(3 582.1)
3 678	O_2(3 671)
3 738	O_2(3 734)
3 800	N_2(3 804.9) NO(3 788.5)
3 965	CO_2^+(3 960.9)
4 029	NO(4 027.8)
4 087	O_2^+(4 082.4)

对于空气中局部放电的各种形式，光谱范围都包括了紫外部分，故可选择处于紫外范围内区域作为检测放电的突破点。由于电晕辐射的光，波长在紫外范围内较易实现，以下便以典型针一板模型说明电晕紫外辐射的光谱特点。

2. 空气中局部放电的光谱特征

电晕放电的光谱大部分处于 400 nm 以下的紫外区域。典型的光谱图如图 4-4 所示。

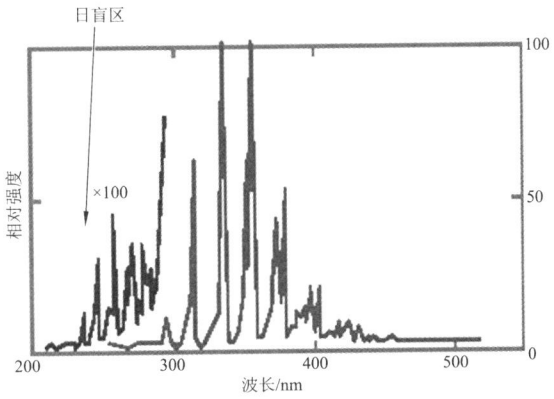

图 4-4　典型电晕放电光谱图

根据图 4-4 结果：空气中电晕放电过程中，不仅发生了分子的解离，还伴随有一定数量的原子电离。因此，空气中的电晕放电光谱包括分子光谱、原子和离子的发射光谱。在放电电压较低时，从图 4-5 和图 4-6 可以看出：当尖-板距离不变，紫外区的放电强度随电压的升高而增强，红外区的辐射强度随电压的升高而降低。而在电压不变的情况下，对比图 4-6 和图 4-7 可以发现：随着尖-板距离的增大，红外区的辐射强度将提高，紫外辐射强度反而减弱。图中 U 为针板电压，d 为针板间隙。

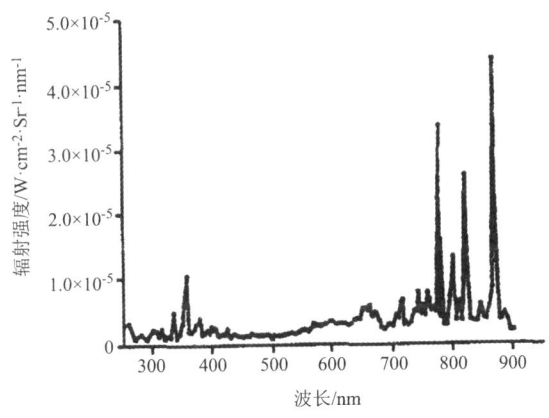

图 4-5　处于 $U = 6\,000$ V，$d = 2.5$ mm 条件下的电晕放电谱图

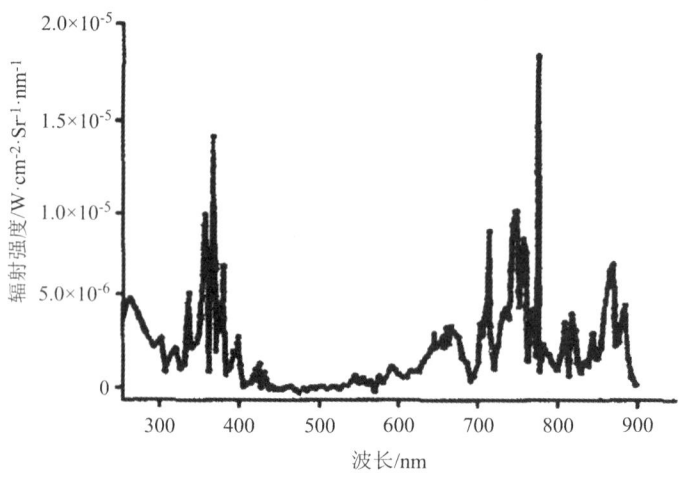

图 4-6　处于 $U = 6\,000$ V，$d = 2.5$ mm 条件下的电晕放电谱图

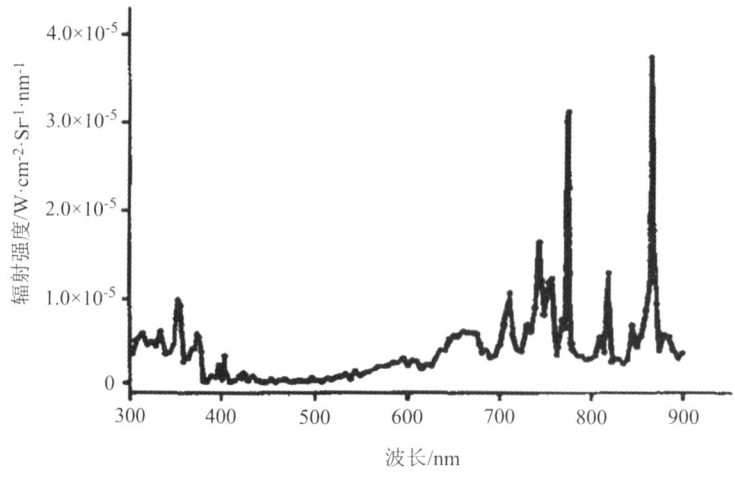

图 4-7　处于 $U = 8\,000$ V，$d = 4.0$ mm 条件下的电晕放电谱图

但电晕放电的光谱范围不是一成不变的，随着模型的改变其光谱特征有所变化。在空气中放电电压较高时，交流电晕在起晕阶段紫外部分的光谱较明显，几乎没有可见部分；随着电压的升高，紫外部分越来越强，红外增强，有一明显的谱峰；电压加至击穿前已有多个红外部分的谱峰。负极性电晕的起晕阶段紫外部分的光谱较明显，红外部分谱逐渐丰富，出现多个谱峰，主要的峰值波长与交流电晕相同。正电晕的起晕阶段紫外部分已有较明显的光谱，而在可见和红外部分几乎没有；随着电压的增高，光谱的幅值增加，在接近击穿时红外部分出现明显谱峰，主要峰值波长与交流电晕相同。

4.1 紫外光辐射探测技术

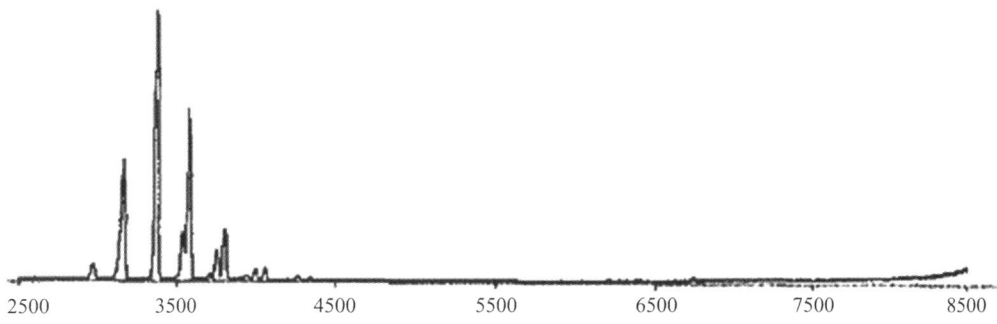

图 4-8　$U = 22\text{ kV}$ 时测得的光谱图

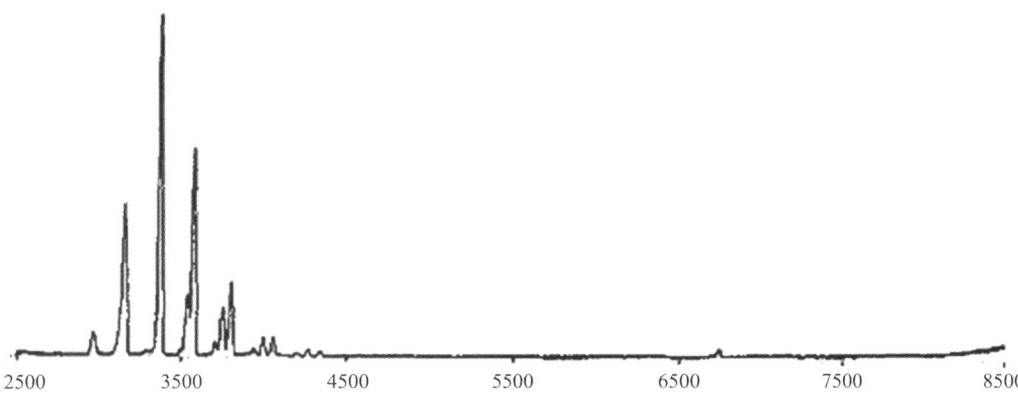

图 4-9　$U = 26\text{ kV}$ 时测得的光谱图

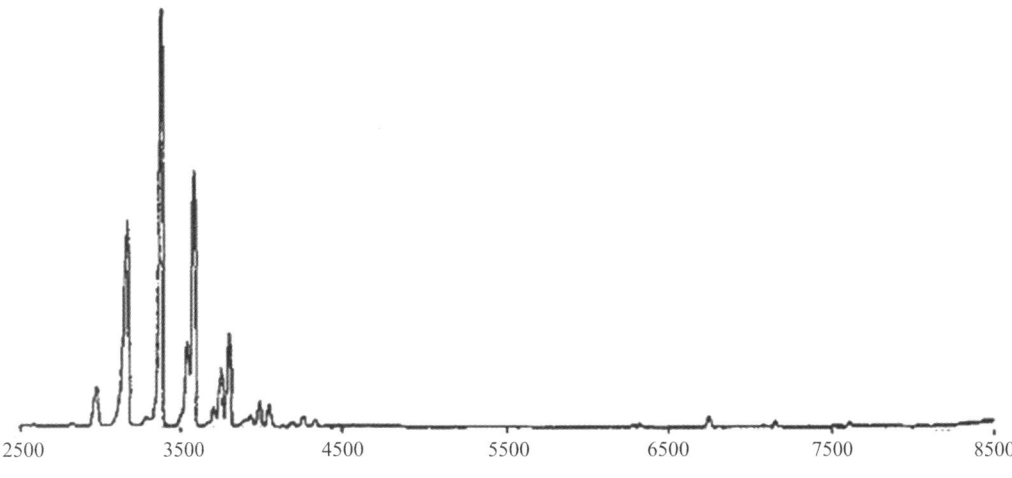

图 4-10　$U = 31\text{ kV}$ 时测得的光谱图

4 电力设备光电传感技术及应用

综上所述，随着外加电压的增加，电晕放电光谱的紫外区辐射强度增强，说明紫外光对外加电压敏感，能用紫外辐射表征电压大小。同时为实现在日照情况下对电气设备的放电检测，紫外传感器是一个合适的选择。

4.1.3 短路弧光监测

1. 电弧光光谱分析

电弧光短路可以给小到配电室大到变电站等电力设备带来灾难性的破坏，对电能供应造成很大影响。因此，对电弧光短路进行理论及实验研究极为重要。电弧光从其形成角度大致可以分为两种，即金属导体短路时，由于导体燃烧及金属离子放电发光和金属导体在高压放电时致使空气电离发光。对于导体在短路的瞬间辐射出的电弧光，各种金属产生的光谱成分近似相同，只是在全光谱范围内，相同波长处光的相对强度有所不同，如图 4-11 和图 4-12 所示（图中横坐标是波长，纵坐标表示电弧光的相对强度）。从图 4-11 可以看出，同种金属导体在短路瞬间产生的电弧光强度主要集中在两个波长段，即：250~380 nm 的紫外光波段及 400~600 nm 的可见光波段，而波长大于 700 nm 的红外光强度几乎可以忽略不计，这说明：金属导体短路时辐射出的电弧光的光强度主要集中在近紫外和可见光波段。

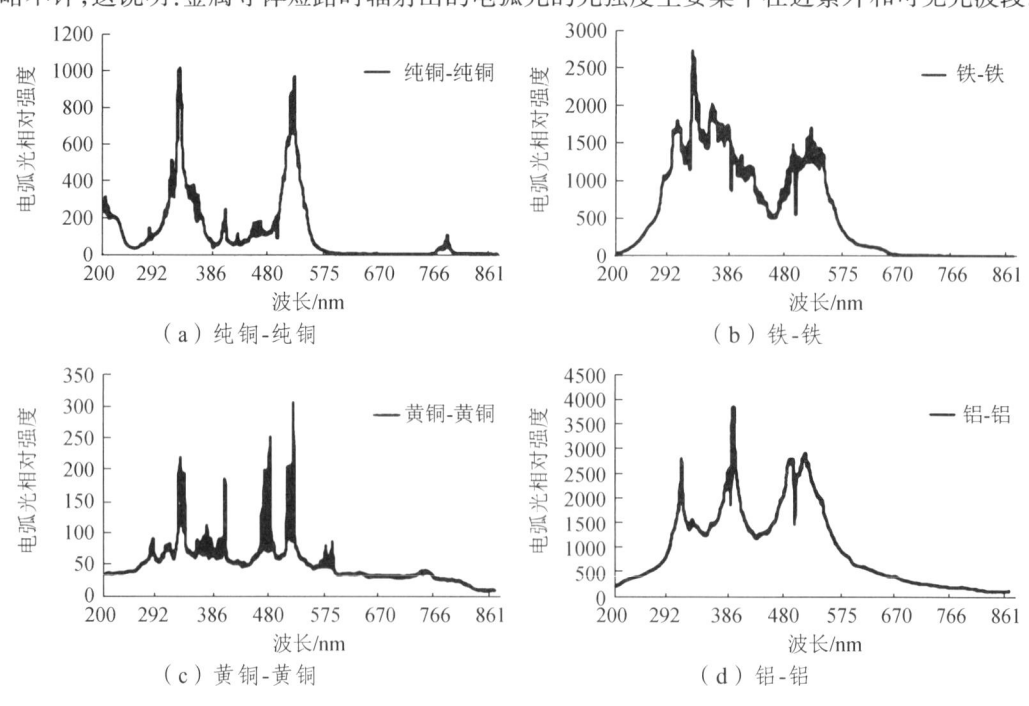

图 4-11 同种金属导体之间短路产生的电弧光谱

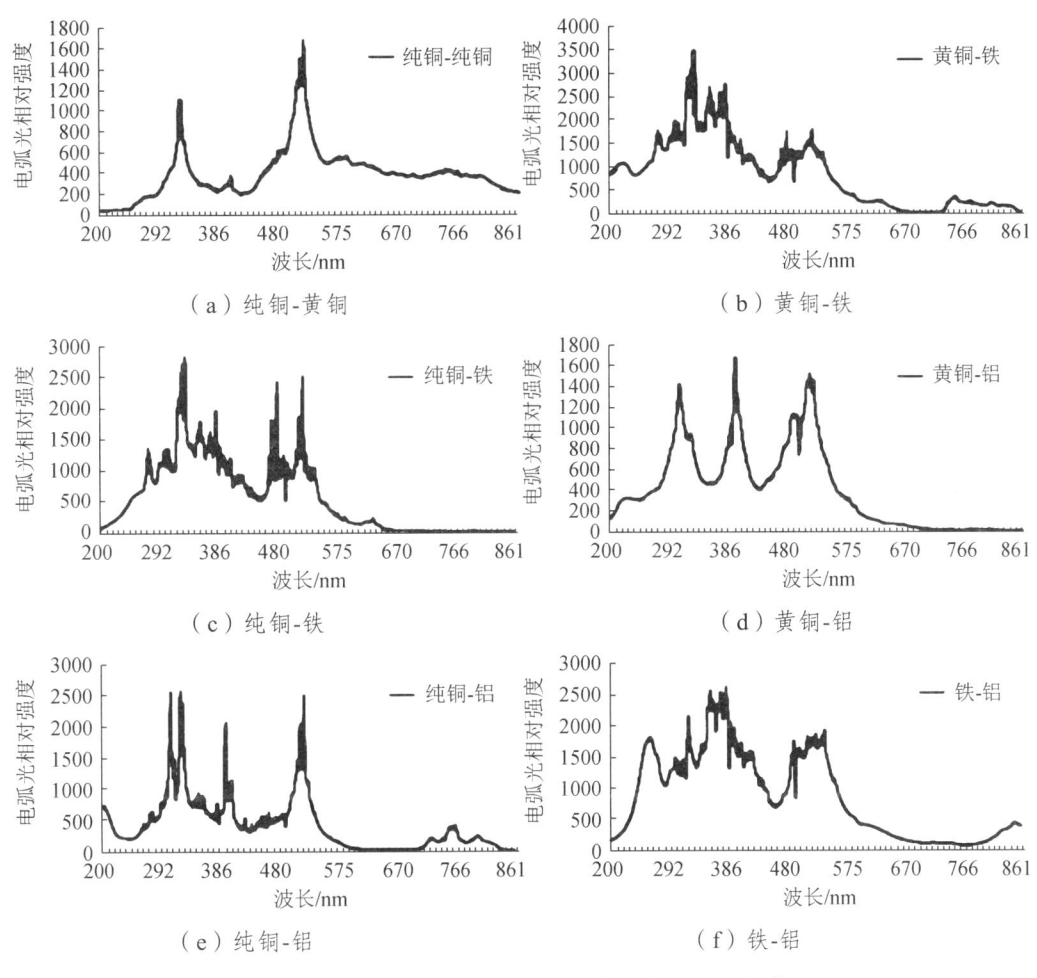

图 4-12 不同金属导体之间短路产生的电弧光谱

图 4-12 给出了不同种类金属导体之间短路时辐射电弧光的光谱图,从图中可以看出,各种金属导体之间因短路而辐射出的电弧光成分与同种金属导体短路辐射出的电弧光成分几乎相同,电弧光的强度也主要集中在近紫外和可见光区。与图 4-11 所示的同种金属导体的光谱图共同证实了如下内容:金属导体短路时辐射出的电弧光主要集中在近紫外区和可见光波段,且呈现出紫外光波段的光强度(60%~70%)大于可见光波段的光强度的趋势。而对于红外光波段来说,由于其强度微弱,可近似忽略不计。

从金属导体短路电弧光的光谱图中可以发现:电弧光的光谱成分非常丰富,富含了从紫外到红外的整个波段的波长成分，而在每一个小波段都有一定强度，在紫外光和可见光波段的强度较大，在红外区的光强度较弱。在电力及其传输系统中，由导体短路、相间短路及高压线导致的放电现象，均会产生强烈的电弧光。根据电弧光的特性，可利用紫外光作为电弧光检测的手段。此外，由于自然光中的紫外成分也微乎其微，而可见光却是自然光的主要成分，这就更加证实，在电力保护系统中利用紫外光作为电弧光检测手段所具有的优势。因为采用紫外光作为电弧光检测的依据，不仅可以避免自然光干扰，排除主观感受，还可提高系统检测的可靠性。

在中低压开关柜中，由于鼠虫或操作不当导致母排短路或并发空气电离而发生故障时，所产生的电弧光中必然包含着上述的两种电弧光，其中紫外光的强度远远超过可见光的强度。在这种情况下，对电弧光进行保护，采用紫外光作为探测的依据更有利于保护力度，降低母排及开关柜系统的被损坏程度，甚至将电弧光熄灭于雏形。与其类似的变电设备、高压传输线路、地铁和高铁等电力相关的场所及设备也会发生类似情况，而其产生的电弧光中的可见光与所处的环境中可见光混合在一起，很难区分开来，这也体现了利用紫外光检测的优势。

2. 光纤电弧传感系统

目前较为成熟的一种基于紫外光的光纤电弧光传感系统，主要由 3 部分组成，即电弧光探测头、光缆和光电转换单元。其中，光电转换单元可判别最低光强度为 100 μW 的电弧光。利用 10 mm 通光孔径的探头，可以检测 120° 视角空间中是否有电弧光发出。当有电弧光入射到探头内时，光电转换单元会迅速（一般在 10 μs 以内）给出 5 V 的脉冲跳闸信号。

该系统通过大口径可靠性极好的 POF 光纤光缆传递光信号，确保将弧光探头所探测到的弧光信号传给光电转换单元，从而把电弧光故障信号转换为电平突变信号。该系统解决了光纤电弧光检测装置易受背景光干扰的问题。该弧光探测头能够在 1 ms 内准确识别电弧光，向保护单元发出电弧光故障指令。而大口径高可靠性的 POF 光缆长达 50 m，以确保远离重大电气设备，继而使得保护装置可发出可靠的电弧光报警和跳闸指令。

该系统采用故障发生时产生的电弧紫外光作为检测信号，与现有的 3 款成熟的电弧光探测器相比，具有更好的弧光分辨性能和更强的抗可见光干扰能力。在高压大电流的电磁环境下，不会受到电磁干扰，也不会受到闪电和闪络干扰。弧光探测头感光系统将电弧光中的可见光滤除，并将其中的紫外光转换成可见光。经光学转换后的单色可见光通过光缆传递给光电转换单元。光电接收及处理电路如图 4-13 所示,图中 PD 为光电二极管,A_1 与 A_2 组成两级运放;光电接收器 PD 将弧光信号转换成电流信号,经 R_1 转换成电压信号;C_2 用于检测脉冲信号的原件,控制整个电路的输出,只有快速变化的光信号可以触发电路输出 5 V 的电压信号。

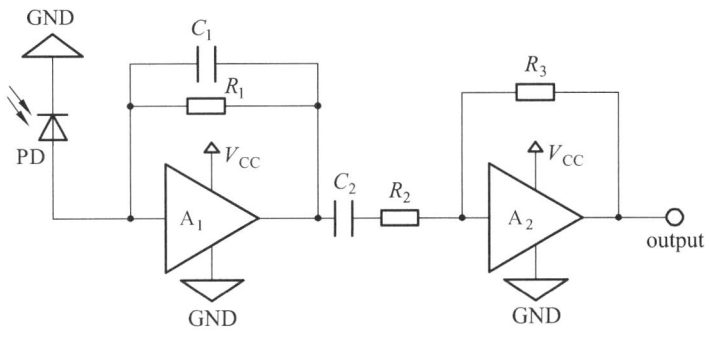

图 4-13　光电转换电路

如图 4-14 所示是该传感头对两种光的透过率对比关系。从图中可以看出,在光强度相同的条件下,传感头对紫外的透过率是可见光的 10 倍;若要两种光的透过率相同,则可见光的强度需要达到紫外光的 10 倍。这种 10 倍的关系可以保证电弧光传感系统及设备在环境可见光很强的情况下不产生误动作,从而确保其可靠性。

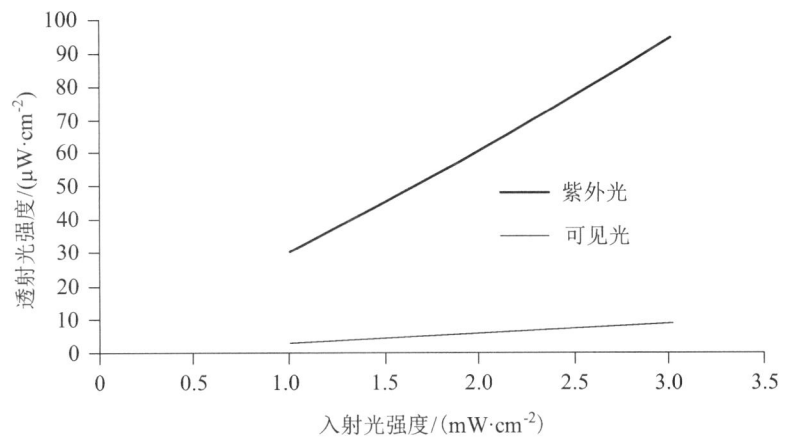

图 4-14　传感系统传感头对紫外和可见光的透过率对比关系

3. 电弧光检测设备的光强度阈值范围及标定

目前采用最多的电弧光保护方案是电流和弧光双判据的保护措施。电流保护方面的技术已较为成熟，然而在弧光保护方面却存在着严重的不一致，即弧光检测单元的阈值灵敏度尚没有一个统一的标准作为依据。在同一电弧光中，对于 1~10 mW/cm^2 的紫外光强度，可见光对应的照度范围是 5~20 kLux。这一光强度阈值范围已被国家标准《弧光保护装置技术要求》（GB/T 14598.302—2016）采用，并涵盖了当今国际主流的弧光检测系统，包括德国 Moller 公司的 ARCON、ABB 公司的 ARC Guard System、芬兰 Vaasa 公司的 VAMP 系统等，这些保护系统的弧光检测单元均采用可见光作为弧光检测的光学成分，且其灵敏度阈值整定在 8 kLux 左右。

对于电弧光探测单元的标定，需要制定与实际电弧光光谱及能量分布相同的光源，然后让此光源的强度范围满足上述光强度范围，此强度是通过标准仪器标定过的范围。该光源作为弧光检测元件阈值的标定光源或用此光源开发制作弧光探测器的标定设备。这里给出以下两种结构：

（1）通过改变待标定设备和标准仪表到光源的距离来增大或减小两设备所接收光强度的大小。

（2）通过改变光源的强度以改变两设备所接收光强度的大小。标定过程中，待测设备即弧光保护装置与标准仪表关于标准光源绝对对称。

总之，对于日常中电力传输系统及电力开关柜等产生的电弧光，其中的紫外光占有非常大的比例，在对其采取保护措施时，采用检测紫外光的方式则是探测电弧光的绝佳方法，也是电弧光故障保护中检测电弧光的发展趋势。随着电弧光检测多判据融合的逐渐发展，可靠的光学检测将对整个保护系统有着至关重要的支持作用，而基于紫外光检测故障电弧光的发展方向也非常明了。

4.2 红外热释电探测技术

4.2.1 红外热释电传感器原理

热释电红外探测器在室温下即可工作，属于无须制冷的红外探测器，且其没有特别规定的红外线响应波长范围，对任何波长红外线都能进行感应。热释电红外探测器依赖于传感器内热释电材料对辐射物体辐射出的红外线热释电效应设计，可以将射入到热释电材料上的红外线转变成电荷信号，成本低，响应速度快，已广泛应用于防火、防盗等人民安全系统中，以及防爆、防毒等有潜在危险威胁的行业中。

1. 整体结构

目前,成熟的热释电红外探测器主要组成部分有菲涅尔透镜、热释电红外传感器、处理信号的电路以及有关输出的显示控制装置,如图 4-15 所示。基于此基本结构的热释电红外探测器工作流程可分为四大部分:第一部分为物体辐射红外线,热释电红外探测器属于"被动式"红外探测技术,无须配备辐射源,即可感应环境中物体自发辐射的红外线;第二部分为采集,菲涅尔透镜将物体的红外辐射集聚到热释电红外传感器上;第三部分为光电转换,热释电红外传感器接收菲涅尔透镜传来的红外辐射能,并将其转换为电能输出;第四部分为信号处理,红外信号处理电路接收热释电红外传感器输出的电信号,经过放大、去噪等处理,传送给控制装置从而进行跟踪和定位。

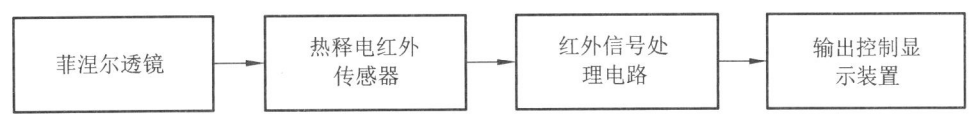

图 4-15 热释电红外探测器组成结构图

热释电红外传感器的作用是感应目标红外线,并转换成电信号,是探测器最为核心的构成部分,组成部分包括:探测敏感元、滤光片及场效应管。探测敏感元采用非接触的方式接收感应目标的红外辐射,同时滤波片能较大程度地削弱目标周围其他物体的干扰辐射,场效应管将敏感元输出的电荷信号转换成电压信号进行检测,灵敏度较高,成本低廉,在民生和军事领域应用较广。根据敏感元数量的不同,热释电红外传感器可分为:单元型、双元型以及四元型,即:单元型是指只有一个敏感元,只要环境中有温度变化,传感器就会产生反应,误报率高,因此需要添加温度补偿设计;双元型是指有两个敏感元,可以采用串联或并联方式,敏感度低,性能良好,且可有效追踪目标,是最常用也是最佳的类型;四元型是指传感器具有四个敏感元,由于其设计较为复杂,实际中较少采用此种类型。

2. 工作原理

热释电传感器的本质是温度敏感传感器,由陶瓷氧化物或压电晶体元件组成,元件两个表面组成电极,当传感器监测范围内温度有 ΔT 的变化时,热释电效应会在两个电极上会产生电荷 ΔQ,即在两电极之间产生微弱电压 ΔV。由于它的输出阻抗极高,所以传感器中有一个场效应管进行阻抗变换。热释电效应所产生的电荷 ΔQ 与空气中的离子所结合而消失,当环境温度稳定不变时,$\Delta T = 0$,传感器无输出。当人体进入检测区时,因人体温度与环境温度有差别,产生 ΔT,则有信号输出;若人体进入检测区后不动,则温度没有变化,传感器也没有输出,所以这种传感器能检测人体或动物的活动。

如图 4-16 所示为热释电红外传感器的结构及内部电路图。D 表示场效应管的漏极,需接入电源的阳极,G 表示场效应管的栅极,需接入电源的阴极,S 表示场效应管的源极,是电压信号的输出端,接入后续处理电路的输入端[16]。传感器主要由外壳、滤光片、热释电元件 PZT、场效应管 FET 等组成。其中,滤光片设置在窗口处,组成红外线通过的窗口。滤光片为 6 μm 多层膜干涉滤光片,对太阳光和荧光灯光的短波长(5 μm 以下)可较好地滤除。热释电元件 PZT 将波长在 8~12 μm 之间红外信号的微弱变化转变为电信号,为了更敏感地接收到红外辐射,在它的辐射照面通常覆盖特殊的菲涅尔滤光片,明显地减少环境的干扰。

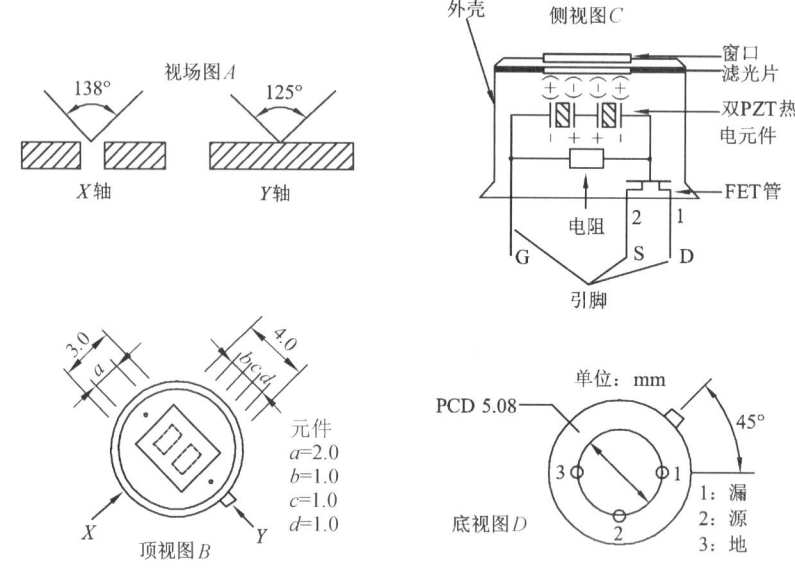

图 4-16 热释电红外传感器的结构和内部示意图

图 4-16 采用双探测元反极性串联组成感应部分,当没有移动目标进入探测区域时,两个探测元因背景相同,所产生的电压也相同,可以互相抵消,因此没有信号输出;当有移动目标进入探测区域后,两个探测元将接收到不同的红外辐射,出现不同的电压值,两者无法完全抵消,因此会有电信号输出。

如图 4-17 所示为菲涅耳透镜,可将红外光线分成可见区和盲区,同时又有聚焦作用,使热释电红外传感器(PIR)灵敏度大大增加。菲涅耳透镜包括折射式和反射式两种形式,作用如下:一是聚焦作用,将热释的红外信号折射(反射)在 PIR 上;二是将检测

4.2 红外热释电探测技术

区内分为若干个明区和暗区,使进入检测区的移动物体能以温度变化的形式在 PIR 上产生变化,从而热释红外信号,这样 PIR 即可产生变化。

热释电红外传感器由于结构特殊,可以将移动的人、动物等生物与慢慢落下的树叶、纸张等物体精确地区别,且无须辐射源,隐蔽性非常好、不易被发现,环境适应性强,成本低廉;但其也有自身不可忽视的缺点,如下:

(1)信号幅度小,易受各种热源、光源干扰;

(2)被动红外穿透力差,人体的红外辐射易被遮挡,不易被探头接收;

(3)易受射频辐射的干扰;

(4)环境温度和人体温度接近时,探测灵敏度明显下降,部分情况下发生短时失灵;

(5)被动红外探测器的主要检测运动方向为横向运动方向,对径向方向运动的物体检测能力比较差。

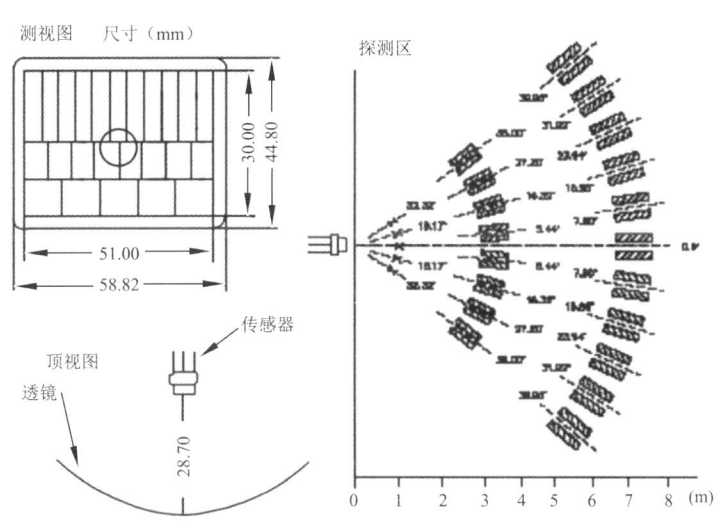

图 4-17 菲涅尔透镜示意图

3. 热释电红外探头处理芯片原理

虽然被动式热释电红外探头存在部分缺点,但使用特殊信号处理方法后,仍使它在某些领域具有广阔的应用前景。因此,有很多生产商根据 PIR 传感器的特性设计了专用信号处理器,比如 HOLTEK HT761X、PTI PT8A26XXP、WELTREND WT8072、BISSO001等。以 PTI(百利通电子有限公司)专用芯片 PT8A26XXP 为例,如图 4-18 所示阴影部分是 PIR 信号处理部分，包括两个运算放大器、一个窗口比较器、一个稳压器、一个系统振荡器和一个逻辑控制器。

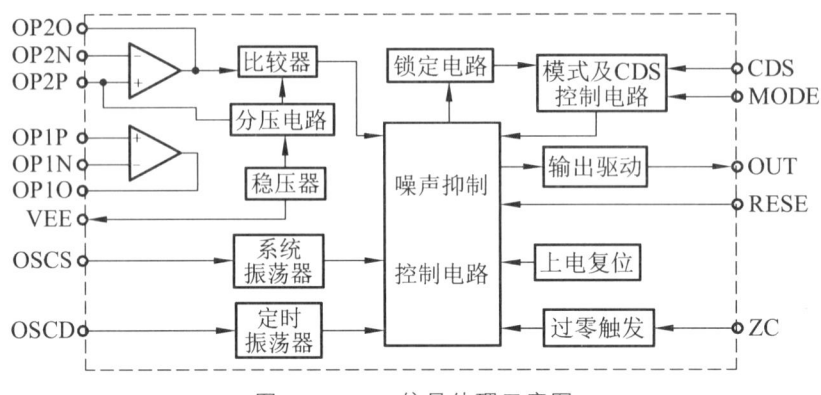

图 4-18 PIR 信号处理示意图

由于 PIR 信号变化缓慢、幅值小，针对该特点，专用信号处理器一般分为三步处理，具体处理步骤如下：

1）滤波放大

一般普通 PIR 传感器输出信号幅值较小，为几百微伏到几毫伏，为了后续电路可进行有效处理，且考虑到传感器的信噪比，通常取增益 72.5 dB，通带 0.3～7 Hz。同时，由于是处理模拟小信号，故为了保证放大器工作稳定性和可靠性，电路中特别集成了一个稳压器，用于给传感器、放大器和比较器供电。

2）窗口比较器

经过放大后的信号通过窗口比较器后检出满足幅值要求的信号后，再转换成一系列数字脉冲信号。

3）噪声抑制数字信号处理

根据对传感器特性的长期研究，用固定时间内计脉冲个数和测脉冲宽度的方法以甄别有效信号，而图 4-18 中主要由系统振荡器提供时钟源（16 kHz）。

4.2.2 红外热释电技术应用方法

物联网中可以大量使用红外传感器（也叫红外感应器）以实现物体信息的获取，尽管目前尚未研发生产出成熟的产品,但是红外传感器已有很多成熟的应用领域,可以借鉴其应用经验。以热释电红外传感器为核心构成的热释电红外开关,在民用领域可作为蜂鸣器、白炽灯、烘干机、自动门和自动洗手池等装置的自动感应开关,特别适用于工矿企业、高档酒店、大型商场等区域。

1. 热释电红外报警器

热释电红外报警器电路如图 4-19 所示。报警保持电路由 74HC74 实现。74HC74 为双 D 触发器,是上跳沿触发的边沿触发器。当人尚未进入红外警戒区,窗口比较电路输出低电平且不报警。当人进入红外警戒区或在警戒区内移动时,窗口比较电路输出 UK 由低电平变为高电平加到 74HC74 的 3 脚,上跳沿触发 D 触发器,输出端 5 脚(Q)由低电平变为高电平;当人在警戒区静止时,U 变为低电平,74HC74 的 3 脚由高电平变为低电平,但输出端 5 脚输出仍保持高电平不变。驱动管 V1 饱和导通,V2 放大器工作而持续发出报警声,红色 LED(发光二极管)也持续发光。若解除报警,按一下开关 K 使 1 脚(CLR)为 0 电位。CL9561 为四报警芯片,SEL1、SEL2 都悬空时,报警声为警车声。

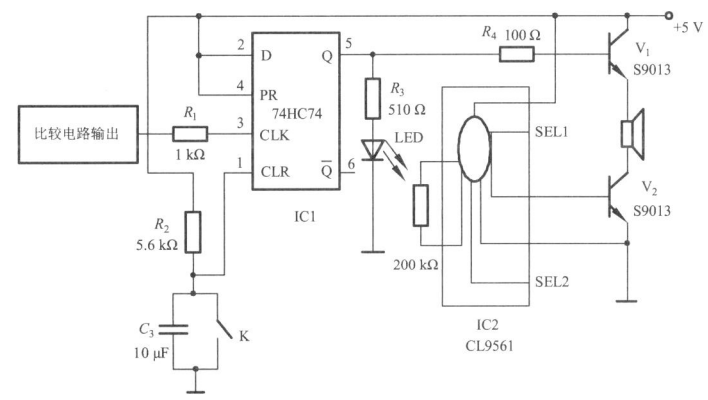

图 4-19　热释电红外报警器

2. 热释电红外自动开关设计

如图 4-20 所示为红外自动开关控制的水龙头电路,YV 为电磁水阀,当人体靠近水龙头时,高电平经延时电路使驱动管 V_1 饱和导通,光电耦合器内部的发光二极管点亮,光控晶闸管导通,电磁水阀通电开始放水。人离开水龙头或超过延迟时间未离开时,延时电路输出低电平使 V_1 截止,电磁水阀断电,水龙头自动关闭。该电路还可用于红外感应灯,当人靠近时灯亮,人离开后延迟一段时间灯熄灭响。

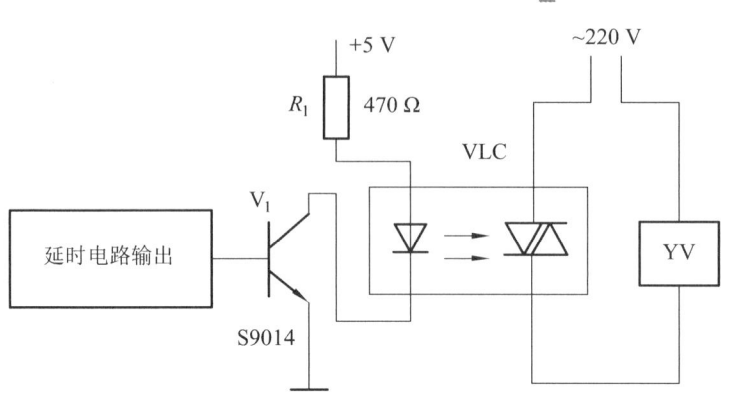

图 4-20　热释电红外自动开关

3. 热释电人体身份识别

热释电红外电传感器为被动式红外传感器,能够接收人体发射的红外线并将其转换为电信号输出。由双元传感元件制成的热释电传感器,对环境温度的变化、背景辐射和受振动产生的随机噪声均具有良好的补偿作用,使传感器在实际使用中稳定可靠。热释电红外传感器接收人体发射的红外线,前端加菲涅尔透镜以加大探测距离,传感器输出的电信号经过放大滤波电路处理,再通过数据采集卡进行模数转换进入计算机,对时域信号分成两路处理:一路提取时域信号的 AR 系数,作为特征向量,再利用支持向量机分类;另一路时域信号进行傅里叶变换,将信号的频谱作为特征,并利用主成分分析法对信号的频谱幅值进行降维处理,寻找个体间存在的差异性,最后采用支持向量机法进行分类和识别。

4. 热释电非致冷焦平面阵列

热释电非致冷焦平面阵列主要以美国 Texas 公司和英国 GMMT 公司为代表。Texas 公司的热释电非致冷焦平面阵列采用钛酸锶钡组成的具有热电效应的陶瓷与硅 MOS 电路混合集成阵列,328×245 像元,像元尺寸 48.5×48.5 μm^2,系统中还包括一个保持探测器工作温度的热电致冷器及机械斩波器。系统质量为 1.36 kg,NETD<0.1 K,产生实时视频信号,可探测 700 m 距离远的人,价格只有致冷型热像仪的 1/10。Texas 公司建立了热释电非致冷焦平面阵列的生产线,就非致冷热像仪用作机动车驾驶员夜视系统进行了实验,实验结果表明热像仪可使驾驶员不受迎面来车车灯的眩光影响,可使驾驶员在夜间看清 450 m 距离远的目标(车灯有效距离仅 90 m);可以较容易地发现前进道路上的障碍物。已为美国陆军布雷利战车配备了 184 套驾驶员夜视系统,并将继续安装于

其他陆军后勤车辆。

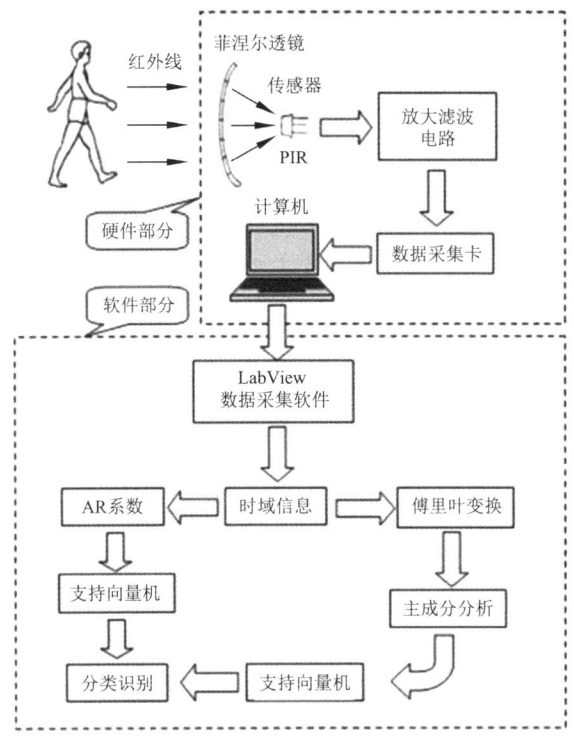

图 4-21 热释电人体身份识别流程图

英国 GMMT 公司采用 100×100 像元钛酸锆铅热电陶瓷探测器阵列，直径 10 μm，间距 40 μm，通过 SI 读出电路读取信号。热释电探测器列阵同成熟的硅信号技术相结合，弥补了热释电探测器响应速度慢、灵敏度低的缺点，使其具有更独特的优势：全红外波段（2~14 μm）工作。20 世纪 90 年代已被国防研究局/英国宇航公司用作新一代轻型反装甲武器 NLAW4 的夜瞄具。

4.2.3 电力设备非接触式测温技术

电气设备的工作状态与热有着密切联系，不同类型的故障如接触不良、绝缘劣化、此路故障等均会以发热升温形式表现出来，若不及时发现会造成巨大损失。例如，发热可造成隔离开关的触头烧毁、变压器绕组引线接头发热可引起油质劣化，甚至引起短路故障。因此，对电气设备的热状态进行监测是十分重要的。红外监测采用的红外非接触测温技术恰好满足了电气设备在高电压、大电流、高温等运行状态下的监测要求。实践证明，红外监测技术是一种成熟的在线监测技术，它在准确判断设备发热故障方面发挥着关键作用。

1. 辐射测温原理

红外测温仪的测温原理：黑体辐射定律体的向外辐射能量的大小及其波长的分布与其表面温度有着十分密切的联系，物体的温度越高，所具有的红外辐射能力越强[21]。黑体的光谱辐射出射度由普朗克公式确定，即：

$$M_\lambda = c_1 \lambda^{-5} [(\exp(c_2/\lambda T) - 1]^{-1} \quad （4-2）$$

黑体辐射出射度由斯蒂芬-玻耳兹曼定律确定，即：

$$M_r = \int_0^\infty M_\lambda d\lambda = \sigma T^4 \quad （4-3）$$

其中，$c_1 = 3.7418 \times 10^{-16}$ W·m²，称为第一出射度；$c_2 = 1.4388 \times 10^{-2}$ m·K，称为第二出射度；$\sigma = 5.6697 \times 10^{-8}$ W·m²·K⁻⁴ 称为斯蒂芬-玻耳兹曼常数；λ 表示波长；T 表示热力学温度。

由于实际物体并非黑体，故实际物体的辐射出射度还需要在上式中乘以物体的辐射常数，即：

$$M_r = \varepsilon K T^4 \quad （4-4）$$

因此，对于进入红外测温光学系统的光线，经过探测器的光电转换后，其电压为：

$$V = \varepsilon K T^4 \quad （4-5）$$

这里面的 K 与探测器的灵敏度、光学系统中光谱的透过率等因素有关，由实验时确定。

2. 测温方案

依据测温的原理不同，红外测温仪的设计有三种方法：通过测量辐射物体的全波长的热辐射以确定物体的辐射温度的仪器称为全辐射温度计；通过测量物体在一定波长下的单色辐射亮度以确定其亮度温度的仪器称为亮度温度计，也称为单波段温度计；通过测量同一被测物体在两个波长下的单色辐射亮度之比随温度变化来定温的仪器则称为比色温度计。

1）全辐射测温法

全辐射测温仪测温的理论基础是斯蒂芬-玻耳兹曼定律，即：

$$M_r = \int_0^\infty M_\lambda d_\lambda = \sigma T^4 \tag{4-6}$$

由此可见黑体在整个波长范围内的辐射功率与绝对温度的 4 次方成正比，是温度的单一函数，它是通过测量波长从零到无穷大整个光谱范围内的辐射功率以确定物体的辐射温度。

通常红外测温仪以黑体（$\varepsilon = 1$）定标，此方法所使用的仪表结构简单、读数客观并能连续记录。缺点是温度计示值受环境及发射率影响较大，导致其测温结果的准确度降低。在实际测量时，需要把辐射温度转换成真实温度，可通过下式进行换算：

$$T = T_p (\varepsilon)^{\frac{1}{4}} \tag{4-7}$$

由它引起的真实温度误差为

$$\frac{\Delta T}{T} = -\frac{1}{4} \times \frac{\Delta \varepsilon}{\varepsilon} \tag{4-8}$$

式中　T_p——黑体的温度；

ΔT——真实温度；

$\Delta \varepsilon$——总发射率的误差。

2）亮度测温法

亮度测温法的理论基础是普朗克定律，即

$$\frac{1}{T_s} - \frac{1}{T} = \frac{\lambda}{c_2} \frac{1}{\varepsilon(\lambda, T)} \tag{4-9}$$

式中　$\varepsilon(\lambda, T)$——实际物体温度为 T 时，在波长 λ 下的光谱发射率；

T——实际物体的真实温度；

T_s——实际物体的亮度温度。

由此式可得出：实际物体的亮度温度永远小于它的真实温度，即 $T_s < T$。光谱发射率越小，亮度温度偏离真实温度越大。反之，当光谱发射率越接近于 1，则亮度温度越接近真实温度。

在实际测温中，物体的真实温度总是固定的值，因而，亮度温度成为一个与波长有关的量，因此亮度法测温时必须注明亮度温度的数值与其所取得波长值。

3）比色测温法

比色测温法又称作双波段测温法，由于该方法利用同一被测物体在两个波长下的单色辐射亮度之比随温度变化这一特性作为测温原理[23]，因此其测温时无须精确知道被测物体的光谱发射率，而只需知道两个波长下光谱发射率的比值即可，所以比色测温法可使读出的温度接近于物体的真实温度。

由维恩位移定律可知，温度为 T_c 的黑体，对应于波长为 λ_1 和 λ_2 的单色辐射功率之比 Z 由下式表示：

$$Z = \frac{M(\lambda_1)}{M(\lambda_2)} = \frac{(C_1/\pi)\lambda_1^{-5}\exp(C_2/\lambda_1 T_C)^{-1}}{(C_2/\pi)\lambda_2^{-5}\exp(C_2/\lambda_2 T_C)^{-1}} = \left(\frac{\lambda_2}{\lambda_1}\right)^5 \exp\left(\frac{C_2}{T_C}\left(\frac{\lambda_1-\lambda_2}{\lambda_1\lambda_2}\right)\right) \quad (4\text{-}10)$$

式中 $M(\lambda_1)$——波长为 λ_1 处的单色辐射功率；

$M(\lambda_2)$——波长为 λ_2 处的单色辐射功率；

C_1 和 C_2——第一和第二辐射常数。

将上式两边取对数可得：

$$T_C = \frac{C_2 \dfrac{\lambda_1-\lambda_2}{\lambda_1\lambda_2}}{\ln Z - 5\ln \dfrac{\lambda_2}{\lambda_1}} \quad (4\text{-}11)$$

即波长确定后，可根据所测得的 Z 值计算出黑体的温度 T_C。

实际中的比色测温仪通过滤光片把红外辐射能量分为两个波段，通过每个滤光片的红外辐射被两个独立的红外探测器接收并转换成电信号，然后通过信号处理器计算两个信号的比值及环境温度补偿后给出测温数据并显示输出。

除以上三种主要测温方法之外，其他的测温方案还包括多波段测温法和最大波长测温法。多波段测温法的测温原理是依次取多个波段，通过计算这些波段辐射功率之间的复杂关系来确定物体的温度，该测温法精度比较高，但测温仪的结构复杂。最大波长测温法的测温原理是依据维恩位移定律中黑体辐射峰值波长与绝对温度之积为一常数，此方法测温结构简单，只适用于极高温度的测量。

各种测温方案的优缺点如表 4-4 所示。

表 4-4 各类测温方法的特点

测温方法	优点	缺点
全辐射测温法	结构简单，成本较低	测温精度稍差，受物体辐射率影响大
亮度测温法	无须环境温度补偿，发射率误差较小，测温精度高	工作于短波区，只适于高温测量
双波段测温法	光学系统可局部遮挡，受烟雾灰尘影响小，测温误差小	必须选择适当波段，使波段的发射率相差不大
多波段测温法	测量结果与发射率无关，精度高	结构复杂，需选择适当波段
最大波长测温法	结构简单	仅用于测极高温

4.3 光纤光栅测温技术

4.3.1 光纤测温技术

1. 光纤材料简介

光纤是光导纤维的简写，是一种由玻璃或塑料制成的纤维，可作为光传导工具。光导纤维由两层不同折射率的玻璃组成。光纤全反射原理图如图 4-22 所示，其内层为光内芯，直径在几微米至几十微米范围内，外层的直径为 0.1~0.2 mm。一般内芯玻璃的折射率比外层玻璃大 1%。根据光的折射和全反射原理，当光线射到内芯和外层界面的角度大于产生全反射的临界角时，光线无法透过界面，全部反射。通常，光纤一端的发射装置使用发光二极管（Light Emitting Diode，LED）或一束激光将光脉冲传送至光纤，光纤的另一端的接收装置使用光敏元件检脉冲。

光纤按照材料可分为石英光纤和全塑光纤，如图 4-22 所示。石英光纤一般是指由掺杂石英芯和掺杂石英包层组成的光纤。这种光纤有较低的损耗和中等程度的色散。通信用光纤绝大多数为石英光纤。全塑光纤是一种通信用新型光纤，尚在研制、试用阶段。全塑光纤具有损耗大、纤芯粗（直径 100~600 μm）、数值孔径（NA）大（可与光斑较大的光源耦合使用）及制造成本较低等特点。目前全塑光纤适合应用于较短距离，如室内计算机联网和船舶内的通信等。

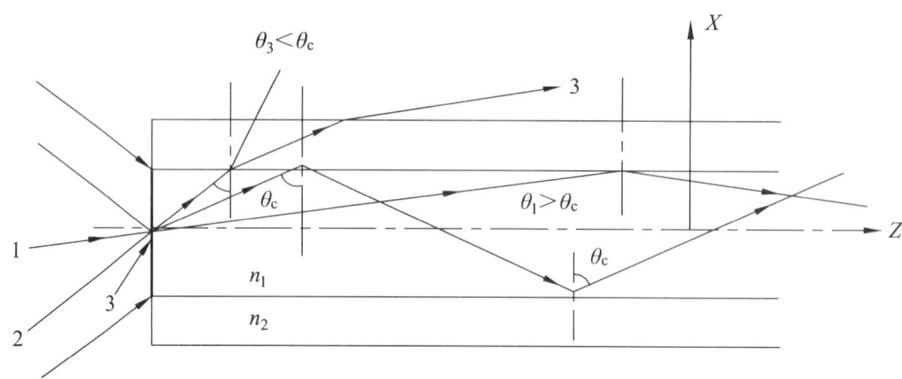

图 4-22 光纤全反射原理图

2．光纤测温技术原理

光纤测温技术是指利用光纤布喇格光栅单模掺锗光纤经紫外光照射成栅技术形成的全新光纤型光栅。成栅后的光纤芯折射率呈现周期性分布条纹并产生光栅效应，其作用实质是在纤芯内形成一个窄带的透射或反射滤波器或反射镜。如图 4-23 所示，当一宽光谱光源注入光纤，将产生模式耦合，光栅将反射回一个中心波长为布拉格波长的窄带光波，其布喇格波长为：

$$\lambda_B = 2n_{\text{eff}} \Lambda \tag{4-12}$$

其中：n_{eff} 为纤芯的有效折射率，Λ 为光栅周期。

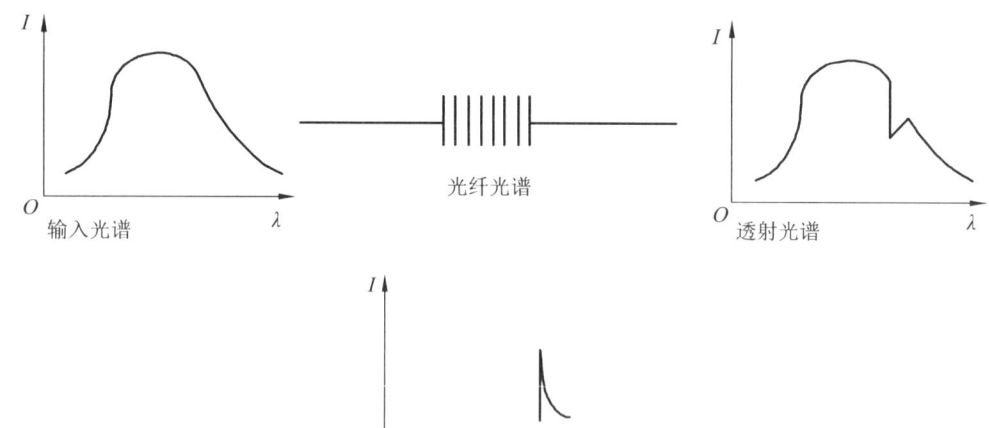

图 4-23 光纤布拉格光栅反射光谱示意图

4.3 光纤光栅测温技术

当传感器只受温度影响而不考虑应变的影响时，n_{eff} 与 Λ 发生相应变化，则 e_{eff} 与 Λ 可以看作是温度 T 的函数，设初始光栅所处温度场为 T_0，将 $\lambda_B(T)$ 作泰勒展开，保留一项，则：

$$\lambda_B(T) = \lambda_B(T_0) + \frac{d\lambda_B(T)}{dT}\Delta T \tag{4-13}$$

式中 $\Delta T = T - T_0$，由上式可得：

$$\frac{d\lambda_B(T)}{dT} = \frac{d\lambda_B(T) - d\lambda_B(T_0)}{dT} = \frac{1}{\lambda_B(T)}\frac{d\lambda_B(T)}{dT}\Delta T \tag{4-14}$$

对其取自然对数并求导数得：

$$\frac{1}{\lambda_B(T)}\frac{d\lambda_B(T)}{dT} = \frac{1}{n_{eff}}\frac{dn_{eff}}{dT} + \frac{1}{\Lambda}\frac{d\Lambda}{dT} \tag{4-15}$$

式中，$\frac{1}{n_{eff}}\frac{dn_{eff}}{dT}$ 为光纤光栅得热光系数，$\frac{1}{\Lambda}\frac{d\Lambda}{dT}$ 代表光纤光栅得热膨胀系数，两者均为常数，因此可令 $K_r = \frac{dn_{eff}}{dT} + \frac{1}{\Lambda}\frac{d\Lambda}{dT}$，得：

$$\frac{d\lambda_B(T)}{dT} = K_r \Delta T \tag{4-16}$$

温度变化与布喇格反射波长变化保持良好的线性关系，因此可以利用观测到的布喇格反射波长的变化实现被测点温度的准确测量。光纤光栅传感器调制的是波长信号，不存在多值函数问题，与光源、传输和连接件的损耗等强度信息没有关系，因此对环境干扰不敏感。

光纤测温系统的硬件部分如图 4-24 所示，主要由光路部分和电路部分组成。光路部分包括脉冲激光器及其驱动器、定向耦合器、光滤波片和光电检测器，电路部分主要包括多级前向放大器，高速数据采集卡，同步控制电路。软件部分主要通过计算机系统和编写的显示软件读取数据采集卡状态和环境温度等数据，计算光缆所测温场中各点的温度数据，并形成一条完整温度曲线图。

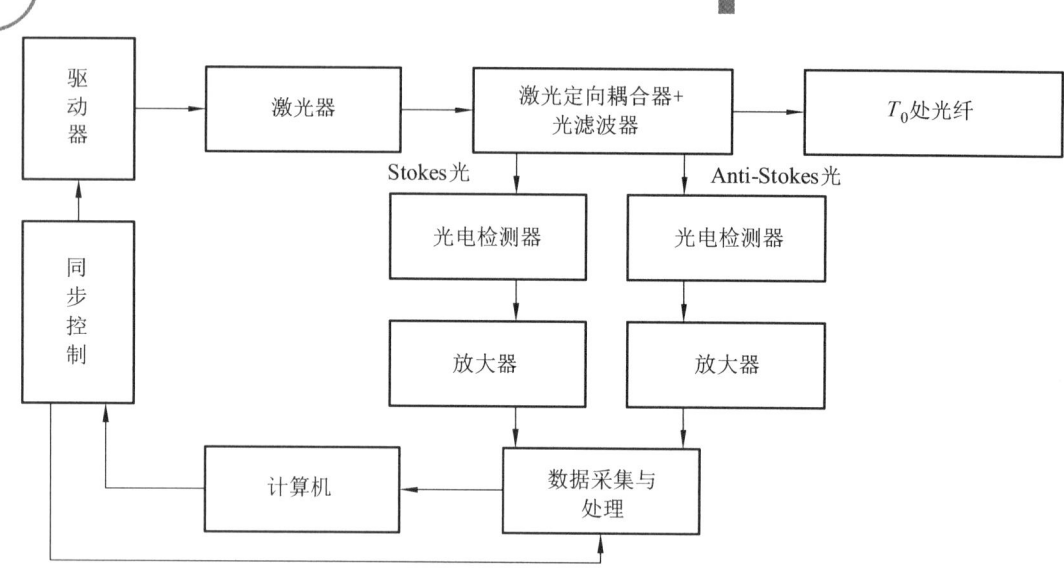

图 4-24 光纤布喇格光栅反射光谱测温系统组成框图

3. 光纤光栅测温技术在电力系统中的应用

光纤光栅测温技术在电力系统中可应用于高压开关柜设备。封闭式高压开关柜的一次设备分布在各相互独立的隔室内，分别是开关室、母线室和出线室，按有关的规程要求，除实现电气连接、控制、通风而必须在隔板上开孔外，所有隔室需呈封闭状态。由于发热点在密封柜内，运行中的柜门禁止打开，导致值班人员无法通过正常的监视手段发现发热缺陷，发热严重时接头会变红甚至熔断，直接造成生产事故。然而，高压开关柜内主回路开关接触点运行温度很难监测，主要有以下因素：开关触头处于高电压、高温度、强磁场以及极强的电磁干扰环境中，要实现对触头的测温，必须解决电子测量装置在上述恶劣环境条件下的适应性问题。

随着光纤技术的发展，分布式光纤测温技术可彻底解决困扰开关柜过热监测的难题，实现了对电力设备故障的发热敏感部位温度的准确实时在线监测、故障预警和精确定位。采用光纤光栅原理的测温技术有以下特点：传输线路采用光纤光缆，抗电磁干扰能力强，使用准分子技术在光纤本体上制作的光纤光栅温度传感器的功能类似于点状的电信号温度传感器，不锈钢外壳封装，热反应时间短，在同一条检测回路中可以将多个探头串联使用，从而实现对多个目标温度的准确测量。

分布式光纤测温技术是相对成熟的技术，测温功能的实现往往比较简单，已在现场开始应用，同时也在不断完善改进。目前，也有以下几个发展动向：由对单个点的温度测量到对光纤沿线上温度分布以及大面积表面温度分布的测量；开发包括测量温度在内的多功能传感器；研制大型传感器阵列，实现全光学遥测。分布式光纤温度传感器在民用、军工、科技应用等方面有着其独特的优点，它将在航空航天、远程控制、化学、生物化学、医疗、安全保险、电力工业等特殊环境下有着广阔的应用前景。但是其在测量精度、稳定性和测试距离等性能指标方面提高比较困难。其在实际应用中仍然存在以下问题：

（1）探测单元温度解调繁琐，适应性和实用性差。

（2）对温度曲线解调时，线性度不理想。

（3）待解调的信号光能量小，信号微弱，信噪比较低，解调十分困难。

（4）探测曲线波动和倾斜问题，是限制测量长度的重要因素之一。

因此，如何提高光纤测温技术的数据处理能力，增加信号采集量的同时清洗冗余数据是光纤测温重点研究方向。

4.3.2 光纤局放检测技术

1. 光纤超声检测系统

如前文所述，电力设备内部发生局部放电时，除了伴随着电荷的转移和电能的损耗之外，还会产生电磁辐射、超声波、发光、发热以及出现新的生成物等，因此对这些非电气参量进行检验，可分析出局部放电的发生与严重程度。

光纤在局部放电检测中的应用原理可分为声光干涉测量方法与荧光光纤光学检测方法。声光干涉测量方法是指利用基于 Fabry-Perot 干涉原理的 F-P 光纤传感器，通过光的干涉以测量局部放电发生时的超声波。荧光光纤光学检测方法是指使用荧光光纤传输电力设备发生局部放电时的光脉冲信号并进行分析。

F-P 光纤超声检测系统原理如图 4-25 所示：它是由 2 个平行的、镀有反射膜的光学平面 P_1、P_2 组成的腔体。当一束光入射时，光线在两个端面之间经过多次反射与折射，由于反射光满足干涉条件，相遇时会发生光干涉现象，在腔体内形成波长相同、频率相同且相位差固定的相干光，从而形成干涉条纹。若 P_1、P_2 之间的距离为 l，设腔体内空气的折射率为 n_0，则相邻两折射光之间的光程差如式（4-17）表示：

$$\Delta l = 2n_0 l \cos\alpha \tag{4-17}$$

其中：α 为两反射面之间光线的入射角。因此相邻两折射光束之间的相位差为：

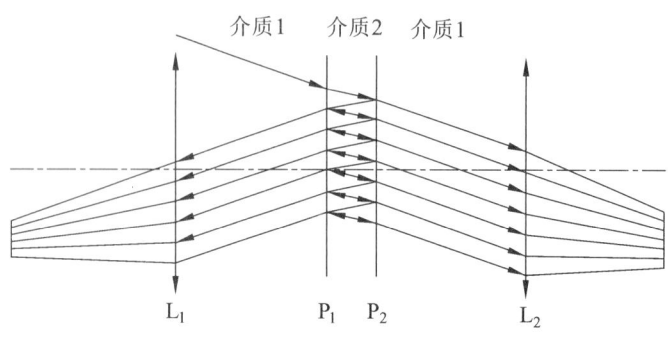

图 4-25　F-P 腔干涉原理

$$\Delta\varphi = \frac{4\pi}{\lambda} n_0 l \cos\alpha \qquad (4\text{-}18)$$

式中，λ 为入射光的光波长，则投射光强 I_r 为：

$$I_r = I_0 \frac{(1-R)^2}{1+R^2-2R\cos\varphi} \qquad (4\text{-}19)$$

式中，I_0 为入射光功率，R 为 F-P 腔两个腔面的反射率。若不考虑光线在传播过程中的半波损耗和吸收损耗，则反射光功率 $I(\lambda,l)$ 为：

$$I(\lambda,l) + I_r = I_0 \qquad (4\text{-}20)$$

根据多光束干涉理论，反射光功率为：

$$I(\lambda,l) = \frac{R_1 + R_2 - 2\sqrt{R_1 R_2}\cos(4\pi n_0 l/\lambda)}{1+R_1 R_2 - 2\sqrt{R_1 R_2}\cos(4\pi n_0 l/\lambda)} \cdot I_0(\lambda) \qquad (4\text{-}21)$$

其中，取腔体内空气的折射率 n_0 为 1；F-P 腔内膜片的反射率为 $R_1 = R_2 = 50\%$，则上式可简化为：

$$I(\lambda,l) = \frac{2R[1-\cos(4\pi l/\lambda)]}{1+R^2-2R\cos(4\pi l/\lambda)} \cdot I_0(\lambda) \qquad (4\text{-}22)$$

根据该式，取中心波长为 1 550 nm，腔长范围为 20～30 μm，得出腔长与输出光功率谱如图 4-26 所示。

由图 4-26 可得，当腔长一定时，输出光谱的波形固定，腔长-光功率关系为周期振荡曲线。当腔长受外力影响发生变化时，光功率曲线的形状不变，相位发生变化。因此，可根据一段输出光功率的线性区间计算出传感器的腔长值。

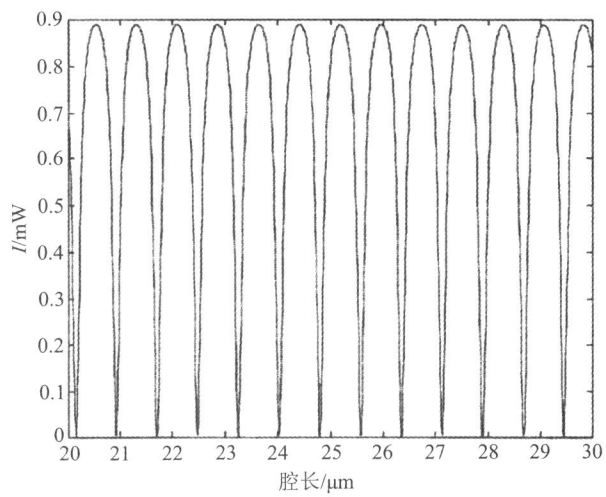

图 4-26　F-P 传感器腔长与输出光功率关系

F-P 腔受外界压力作用时，其腔长值 l 发生变化，即通过光程差的变化检测外界的环境参量，所以传感器腔长 l 是表征其检测物理量变化的关键参数，对其信号解调实际是指解调出 l 的值。当外界发生局部放电时，局放伴随的超声波信号作用在光纤 F-P 腔超声波传感器上时，会使传感器的石英膜片受振动而发生形变，接着导致 F-P 腔长发生变化，反射光的光谱曲线相位发生变化。通过选取光谱中的单调线性区间作为传感器的工作区间，可通过测量输出光功率的变化得到传感器的腔长值。

然而，这种方法存在一定问题。首先，声光调制器的价格十分昂贵。对于光纤 F-P 传感器的解调方法主流有两种：强度型解调和相位型解调。其要求对光频率的采样率要在数百兆赫兹以上。其次，所需光电子器件较多，复用性较差，对于光纤加工工艺的要求较高，因此实际应用上还有很大提升空间。

2. 荧光光纤局放检测系统

基于荧光光纤的荧光光纤光学检测方法通过荧光光纤增强了传感单元的信号强度，其感应光信号原理如图 4-27 所示。荧光光纤在结构上与普通光纤没有区别，均由纤芯与包层构成，但荧光光纤的纤芯中掺有微量的荧光物质（如稀有元素、荧光染色剂），它具有选择性吸收特定波段微光信号的特性。当具有一定波长的入射光（如 PD 产生的微光）从侧面照射荧光光纤时，会穿过光纤的透明包层被纤芯中的荧光物质所吸收，吸收光后的荧光分子中的电子会从基态跃迁到激发态,而处于激发态的电子是不稳定的,当激发态的电子回到基态时,往往以光辐射(通称荧光)形式释放能量(光致发光),这种荧光信号可在光纤中传播进而被检测到,这就是荧光光纤传感光信号的原理。与普通光纤相比,荧光光纤可以从整个侧面接收 PD 所产生的微光信号而不受其端面数值孔径角的限制,因此,荧光光纤检测光信号具有较高的灵敏度。

由于荧光光纤中被激发的荧光分子都将成为荧光的发射中心,其发射方向只要满足纤芯-包层界面全反射条件,即可沿着荧光光纤轴向向前传输,最后从出射端面射出而被检测到。因此,荧光光纤感应的光信号强度来自于每一个具有轴向传输能力的发射中心发出荧光的总和,这也是利用荧光光纤检测微弱光信号具有更高灵敏度的原因。另外,从 PD 脉冲激发介质产生光信号程度来看,PD 脉冲陡度越高,其高频成分越多,表明电磁能量越大,引起的光效应就越强,因此利用光测法感应的荧光信号也就越强。

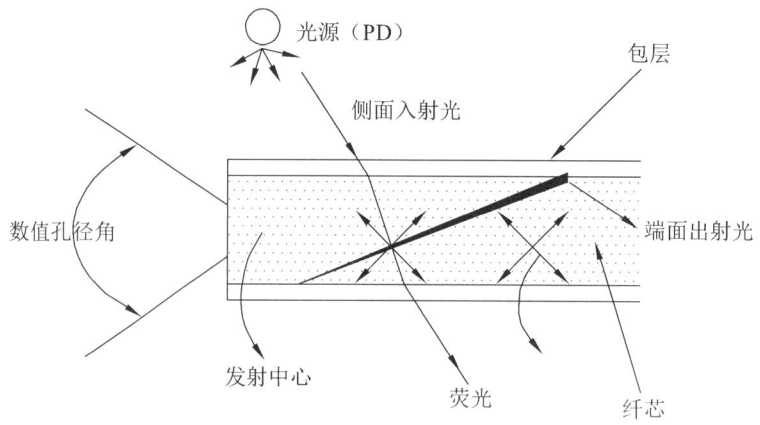

图 4-27 F-P 荧光光纤感应光信号原理示意图

选用激发光谱与局放特征光谱一致的荧光探头。在不同荧光物质里的电子受到外界激发时,都有各自的跃迁能级,并对应有各自的特征荧光光谱(激发光谱与发射光谱)以及荧光量子产率。为使荧光光纤在探测 PD 时具有较高的灵敏性,应当使荧光光纤的激发光谱与 PD 产生的光谱相一致。空气中放电光谱的中心位于 350 nm 左右,而油中放电集中在 324、510、654 nm 波段处。

光电探测器的选择需覆盖荧光物质的发射光谱。发射光谱是反映荧光物质所发射的荧光在各种波长下的相对强度,荧光物质的发射光谱一般为连续谱代,但由于斯托克斯频移的影响，其发射光谱带总位于激发光谱的长波边。对于荧光分子，其值为 100 ~ 200 nm。

　　基于荧光光纤的局放测量方法有抗干扰能力强，信噪比极高，采集波形与实际局放波形接近等优点，然而，其受限于荧光光纤本身的数值孔径，即光纤端面接收光的能力。入射到光纤端面的光并不能完全被光纤传输，只在某个角度范围内的入射光才可以做到。这个角度 α 的正弦值称为光纤的数值孔径。光纤的数值孔径大小与纤芯折射率、纤芯-包层相对折射率差有关。光纤的数值孔径表示光纤接收入射光的能力，数值孔径越大，则光纤接收光的能力也越强。从增加进入光纤的光功率的观点来看，数值孔径越大越好，因为光纤的数值孔径大一些对于光纤的对接是有利的。但是数值孔径太大时，光纤的模畸变加大，会影响光纤的带宽。

PART FIVE 5

电力设备新型光谱检测技术

5.1 高光谱成像技术

光谱成像又称成像光谱学,是指将常规成像和光谱学方法相结合,获得物体空间和光谱信息的技术。光谱成像根据其光谱分辨率、波段数、宽度和波段的连续性,可分为多光谱成像、高光谱成像和超光谱成像。多光谱成像系统通常在少数和相对不连续的宽光谱波段收集数据,通常以微米或几十微米为单位测量,选择这些光谱波段是为了收集光谱中特定部分的强度,并针对这些波段中最明显的某些类别信息进行优化。高光谱系统可以收集数百个光谱波段,而超光谱成像系统可以收集更多。图 5-1 显示了高光谱成像系统获得的三维数据立方概念,其中包含了二维空间坐标和一维光谱坐标(即数据立方体深度为有关波长的函数)。

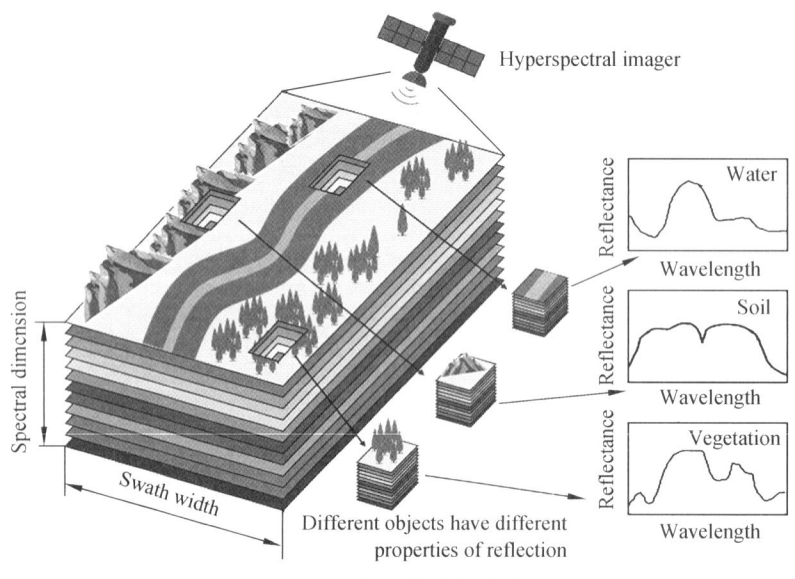

图 5-1 高光谱数据立方

5.1 高光谱成像技术

该技术的重要优点之一是可以获取图像中每个像素的反射率、吸收光谱或荧光光谱，根据电磁学理论可以发现，不同的物理结构和化学成分通常具有不同的光谱特征，这些特征通常是因材料和电磁波之间的相互作用产生的，如电子跃迁、原子和分子的振动或旋转，因此光谱成像技术可以用于检测传统灰度或彩色成像方法无法识别的物体的物理或化学特性变化。如表5-1所示对比了灰度图像、RGB可见光图像、光谱仪、多光谱图像和高光谱图像的特点。

表 5-1 常见光谱及图片对比

图像类型	灰度图像	RGB 图像	光谱	多光谱图像	高光谱图像
空间图像信息	√	√	×	√	√
光谱信息	×	×	√	√	√
波段数	1	3	几百个	3~10	100~500
光谱分辨率	×	×	nm	μm	nm

一方面，与单波段或多波段成像技术相比，高光谱技术在增强空间图像表达的同时为目标检测提供了更高的光谱分辨率；另一方面，与光谱仪相比，为光谱检测结果提供了丰富的空间信息，从而实现了图谱合一的巨大优势。目前，光谱成像技术已从最初的航空侦察、卫星成像等遥感领域，扩展到应用于矿业、地质、农业、军事、环境、历史考古、生物医学等诸多无损检测领域。

本节将重点介绍高光谱成像技术的发展、不同光谱成像系统的系统性能。

5.1.1 高光谱成像技术原理

在过去的几十年里，人们提出了几种典型的光谱成像方法以获取光谱图像数据。本节主要介绍其中四种：扫摆型（whiskbroom）、推扫型（pushbroom）、凝视型（staring）和快照型（snapshot）。其余方法在此不进行讨论。

1. 扫摆型（whiskbroom）

扫摆型（whiskbroom）也称为点扫描方法。在扫摆型高光谱成像仪中，旋转镜通常用于沿着垂直于传感器平台的方向从一侧向另一侧扫描检测目标。旋转反射镜将反射光重定向到一个点，在这个点上，单个或几个传感器探测器被组合在一起。如图 5-2（a）所示，通过移动检测样品或成像仪，沿着两个空间维度（x，y）扫描单个点，然后反射光被棱镜散射，由线阵探测器记录。光谱图像数据立方体（x，y，λ）可以通过在二维场景（x，y）中扫描和在波长域（λ）中色散获取。在扫摆型高光谱成像仪中，通常需要双轴电动定位台完成图像采集，这使得硬件配置更为复杂。此外，这种成像模式通常也很耗时，因为它需要在 x 和 y 空间维度上扫描。因此，提出了另一种高采集速度和高灵敏度的扫描方法，即光谱共焦激光扫描法。这种方法通常通过共焦或共轭针孔照明以及获取图像限制聚焦光学部分的厚度，并通过结合多个激光器和波长色散分光光度计获得光谱信息。这种方法的优点是能够控制景深，消除或减少远离焦平面的背景信息，以及从厚样本收集连续光学切片的能力。扫摆型成像的另一个优点是：与其他类型的传感器相比，它需要校准的传感器检测器更少。

2. 推扫型（pushbroom）

推扫法，也称为线扫描，与一次扫描一个点的扫摆法不同的是，推扫法可以同时获得一个狭缝面积内的空间信息以及对应于该狭缝中每个空间点的光谱信息，即推扫型成像仪可以同时获取一个具有一维空间维度（y）和一维光谱维度（λ）的特殊 y-λ 图像，然后通过在另一个空间轴（x）上进行扫描狭缝从而获得完整的光谱图像数据立方，如图 5-2（b）所示。推扫型成像仪可以在特定区域内停留更长的时间，从而获得更长的曝光时间和相对更高的光谱分辨率。然而，在大多数推扫式成像仪中，由于成像仪或探测对象需要进行相应的移动，因此需要保证移动速率和阵列检测器的帧获取速率同步，以确保平滑图像的测量。执行推扫过程的另一种方法是将可移动的狭缝或滚动快门放入共轭图像平面中。这种方法允许更高的照明透射率，同时只显示出共焦深度响应的轻微增加，这已广泛应用于多光谱线共焦成像系统。

3. 凝视型（staring）

凝视法，也称为波段顺序方法，是一种光谱扫描方法，它可以一次获取具有完整空间信息的单波段二维灰度图像（x，y），如图 5-2（c）所示。这种模式通常使用滤光片，例如包含固定带通滤光片、线性可变滤光片（LVF 或楔形滤光片）、可变干涉滤光片（VIF）和可调滤波器的滤光片轮等，而不是矩阵检测器前面的光栅或棱镜。光线穿过聚焦光学器件，然后对其进行滤光，在此特定波段下的空间信息将进入 CCD 阵列的焦平面上。

5.1 高光谱成像技术

因此，可以在一定时间内获得带有一个波长信息的二维图像，并调整通过滤光片的波段以填充光谱图像数据立方。在凝视模式下，整个场景成像在焦平面上，且按照单次一个特定波段的方式成像，这不同于前两种方法。因此，获取光谱带的数量完全取决于用户。此外可以在不同的波长下使用不同的曝光时间。

4．快照型（snapshot）

快照法，也称为单次拍摄法，旨在通过一次曝光在面探测器上同时记录空间和光谱信息。相比于需要在空间维度或光谱维度扫描导致限制时间分辨率的扫摆法、推扫法和凝视法，快照法是一种无须扫描的成像技术。如图 5-2（d）所示，通过将其分光和色散，将图像区域同时成像到光电探测器上，快照模式可以在一次拍摄中获得一个完整的光谱数据立方体。虽然这种模式可以通过最少的后期处理直接建立三维数据立方体，但其空间和光谱分辨率受到限制，这是因为像素的总数不能超过光电探测器上的像素总数。因此，对于给定的光电探测器，通过牺牲部分光谱采样为代价而增加空间采样，同样也可以牺牲部分空间采样增加光谱采样。

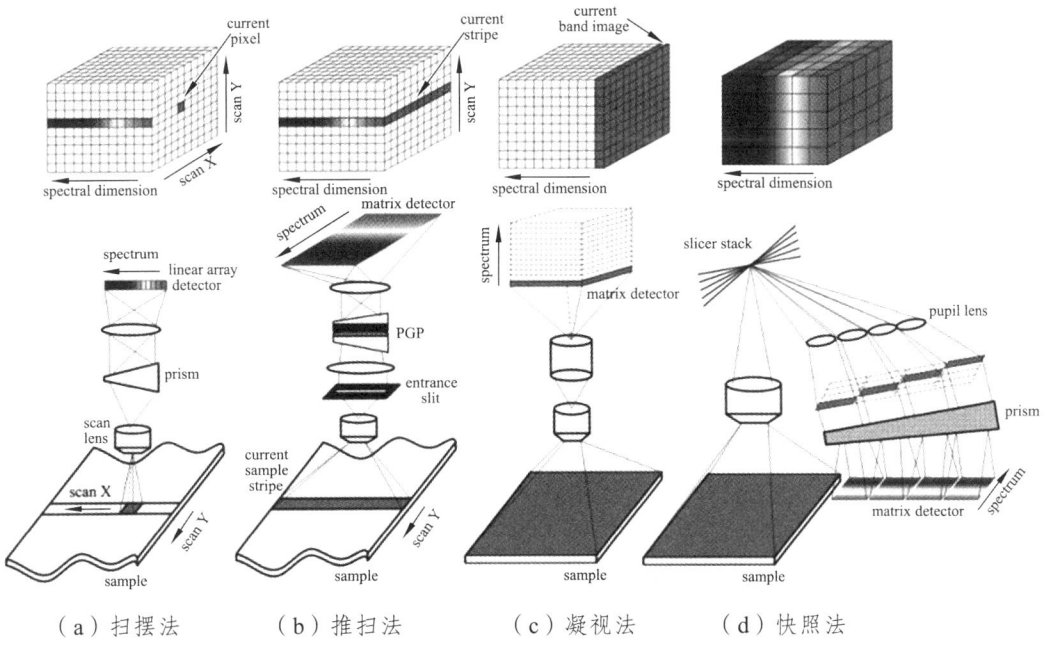

图 5-2 典型的光谱成像方法

5.1.2 设备绝缘高光谱成像诊断

基于高光谱成像技术的电力设备绝缘状态评估是近年来高光谱成像技术的全新应用领域，由于长期在高电压场、强磁场、机械应力以及自然环境的综合作用下，电力设备上的绝缘材料会不可避免地发生不同程度的劣化，宏观上表现为绝缘材料褪色、表面受污、主体破损等现象，在微观上表现为化学成分和微观物理结构发生改变，利用电磁波与不同状态下绝缘材料相互作用所表现出的光谱特征，结合高光谱成像图谱合一的技术特点，可以实现电力设备绝缘状态高光谱成像诊断。本节将重点介绍高光谱技术在绝缘子污秽状态下和充油设备漏油检测中的应用。

1. 绝缘子污秽状态诊断

绝缘子是高压输电线路中起到重要的机械支撑作用的电气绝缘设备，由于其长期处于户外开放环境中，因此绝缘子表面不可避免地与空气中各种污秽颗粒接触，造成绝缘子表面积污。在电力系统的事故中，对电力系统外绝缘危害最大的是污闪和雷击闪络，污闪事故的次数仅次于雷害，而污闪造成的损失远大于雷害。随着环境污染日益加重，运行中的绝缘子表面染污随之加剧，在复杂的气象条件（雾、露、毛毛雨及酸性湿沉降等）下绝缘子的电气强度将明显下降，因染污绝缘子串的闪络导致大面积和长时间的停电，严重威胁到电力系统的安全稳定运行，因此绝缘子的污秽闪络特性是输电线路外绝缘选择的决定性因素之一。从污闪发生的过程来看，污闪的两个基本条件分别是绝缘子表面污秽的沉积和污秽层受潮。随着污秽层的增加和受潮，绝缘子表面电导率将显著上升进而造成泄漏电流增大，泄漏电流产生的热效应将对污秽层进行烘干，使得污秽层呈现"干燥带"和"湿润带"的不均匀分布状态，从而产生局部放电和沿面电弧，局部电弧桥接引发绝缘子污秽闪络，且由于缺陷短时间内无法消除，将引发大面积停电。另一方面，随着对污闪特性的深入研究，污秽成分的差异也成为了影响污秽闪络特性不可忽视的因素，不同可溶性的离子化合物在水中的溶解性不同，因而造成绝缘子表面电导率的不同，进而影响闪络特性。因此，污闪过程是绝缘子表面污秽状态和环境的综合作用，其中绝缘子表面的污秽状态又是造成污闪最根本的原因，所以实现绝缘子表面污秽状态的精准评估对避免绝缘子污秽闪络有着十分重要的意义。

为了满足绝缘子污秽状态评估的迫切需求，研究人员提出了多种方法，其中国际大电网会议第33届学术委员会推荐了5种测定绝缘子污秽度的方法，分别是：等值附盐密度法、污层电导率法、闪络电压梯度法、泄漏电流法和泄漏电流脉冲计数法。等值附盐密度法是最传统的污秽测定方法,通过将绝缘子表面污秽通过清扫、刷下、冲洗等方式溶解于固定体积的纯净水中并过滤掉不溶于水的颗粒物,在同体积纯净水中加入 NaCl 使得两溶液的电导率相等,加入的 NaCl 质量除以污秽覆盖部分的表面积即可得到等值附盐密度。此外,将上述过滤掉的不溶颗粒物烘干及称量,再除以污秽覆盖部分的表面积即为附灰密度。此方法可直接测得与污秽电导率相关的可溶性离子化合物的等效质量,在实验室内测量的准确度高。然而该方法仅适用于实验室内部离线测量,脱离了实际运行工况,无法实现大范围区域绝缘子内绝缘子污秽状态普测,且丢失了污秽分布的关键信息。污层电导率法由整体电导率法向局部电导率法发展,局部电导率法通过测量多个点的电导率,并以其算术平均值作为绝缘子平均表面电导率,可测量污秽在绝缘子表面的分布以及积污随时间变化规律,但是如何实现复杂电磁环境下的在线监测是该方法的瓶颈。闪络电压梯度法直接着眼于闪络电压,以绝缘子最短耐受串长或最大污闪电位梯度表征污秽度。该方法优点是能够测定现场运行绝缘子串的耐污性能和绝缘子之间的优劣顺序,且直接给出绝缘水平,避免了电导率这一中间变量所导致的误差。另一方面,泄漏电流法是测量流过绝缘子表面的微小电流,能够综合反映污秽程度、环境湿度、伞裙形状等污闪发生、发展的重要因素,与污闪过程紧密相关。泄漏电流脉冲计数法是基于泄漏电流特征量的检测方法,其基本原理是将泄漏电流脉冲幅值划分为若干个档次,并统计各个档次中脉冲的个数,从而测定污秽程度。随着图像处理技术的发展,基于图像处理的非接触式光学成像方法也成为了重要的绝缘子污秽状态评估方法。具有代表性的方法包括红外热像测温法、紫外脉冲法、可见光法等非接触式检测方法,该类方法通过检测特定光谱波段下,绝缘子在不同污秽状态下的异常发热、电晕放电以及图像特征以实现污秽等级的评估。该类方法具有非接触式测量优点,且兼具空间图像信息从而实现了污秽分布的检测,具有较强的工程应用价值。基于信息融合的多波段光谱图像技术实现了不同波段下图像特点的融合,从而保证了更高置信度的污秽状态评估精度。

高光谱成像技术在污秽状态评估中具有抗电磁干扰能力强、非接触式原位测量、高置信度以及可视化的优势,可实现绝缘子污秽状态的精细化诊断和故障可视化,弥补现有检测技术的局限性。

在实验室内根据 GB/T 4585—2004/IEC 60507:1991 和 GB/T 22707—2008 标准开展人工污秽试验,为高光谱污秽等级识别提供光谱数据库。根据国标将污秽等级划分为 Ⅰ~Ⅳ级,分别使用 NaCl 和高岭土含量代表可溶性污秽物和不可溶性污秽物含量即等值盐密 ESDD 和等值灰密 NSDD,其中污秽等级与 ESDD、NSDD 对应关系如表 5-2 所示。

以 FXBW4-750/300-1 型号复合绝缘子切片（尺寸为 5 cm×5 cm）作为基底材料，以获取不同污秽状态下的数据样本。

表 5-2 污秽等级与 NaCl 和高岭土含量对应关系

(1)污秽等级	(2)NaCl（mg/cm^2）	(3)高岭土（mg/cm^2）
(4)Ⅰ	(5)0.06	(6)0.36
(7)Ⅱ	(8)0.10	(9)0.60
(10)Ⅲ	(11)0.25	(12)1.50
(13)Ⅳ	(14)0.35	(15)2.10

污秽样品制备过程具体如下：

（1）计算每个样品的表面污染面积。

（2）根据 ESDD、NSDD 和表面积计算每个样品所需 NaCl 和高岭土的质量。

（3）用天平称量 NaCl 和高岭土，加入适量的水，均匀加在样品上。

在实验室内搭建高光谱成像平台和户外成像平台，分别采集在固定环境下污秽绝缘子高光谱数据以及在太阳光环境下的污秽绝缘子高光谱数据。

绝缘子污秽等级是影响绝缘子污秽闪络电压的主要因素，研究结果表明：随着污秽等级的增加，绝缘子的污秽闪络电压降将呈现负指数形式的下降，因此开展绝缘子污秽等级的检测是首要任务。

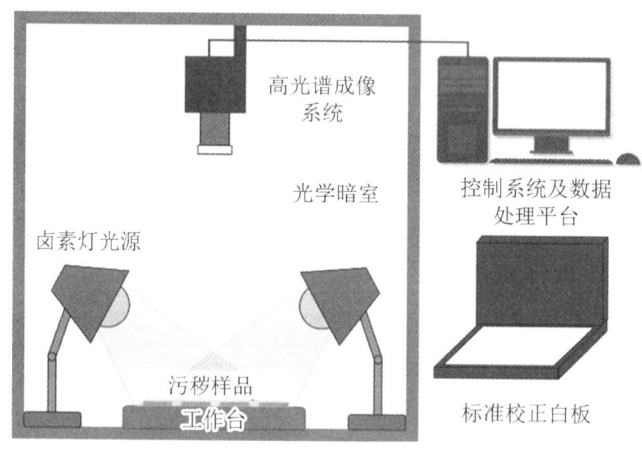

图 5-3 高光谱数据采集平台

高光谱数据处理过程如图 5-4 所示，首先采集 4 个级别污染样本的高光谱图像，并使用成像系统进行黑白光谱数据校正，如图 5-4（a）所示。在此基础上，通过边缘检测选择感兴趣区域,提取区域光谱数据,如图 5-4(b)所示。经过多变量散射校正(MSC)后,如图 5-4(c)所示,对光谱矩阵数据进行连续投影算法(SPA),选择目标波段,如图 5-4(d)所示。对五种目标波段模型进行分类精度、Kappa 系数和训练时间的比较,如图 5-4(e)所示。最后建立污染水平评价的最优模型。通过重构光谱图像,实现分类结果的可视化显示,如图 5-4(f)所示。

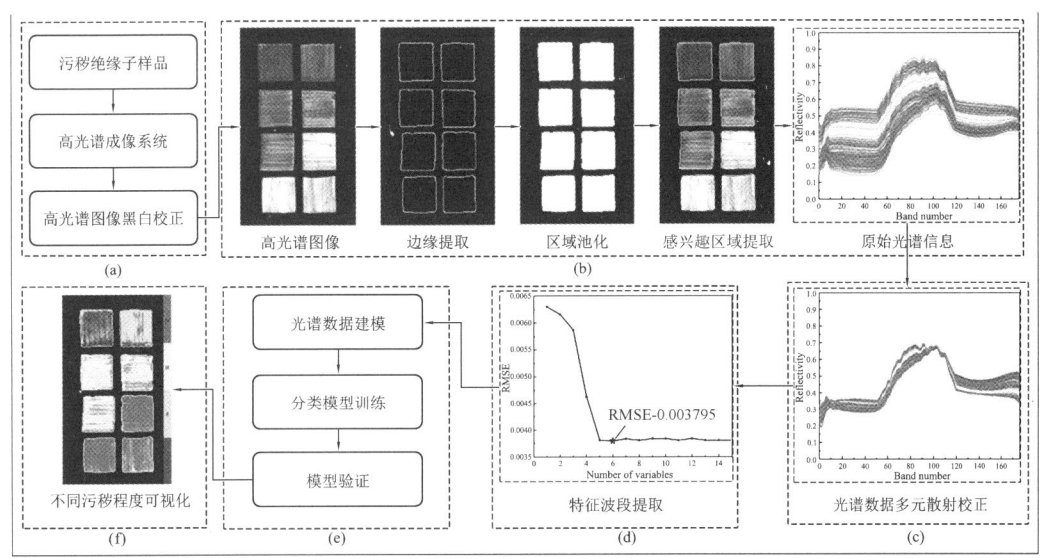

图 5-4 高光谱数据处理过程

具体步骤如下:

(1)黑白数据校准。

反射率光谱通常定义为反射光强度与入射光强度的比值,根据标准白光基准进行测量:

$$R(\lambda) = I_{REF}(\lambda) / I_{INC}(\lambda) \tag{5-1}$$

其中,$R(\lambda)$ 表示反射光谱函数,λ 为波长,IREF(λ)和 IINC(λ)分别是入射光反射光强度。

分别使用反射率为 100% 和 0% 的标准白板和黑板进行原始光谱图像黑白校正:

$$R(\lambda) = (R_0(\lambda) - B(\lambda))/(W(\lambda) - B(\lambda)) \tag{5-2}$$

其中,$R(\lambda)$ 表示校正后的高光谱数据,$R_0(\lambda)$ 表示原始高光谱数据,$B(\lambda)$ 和 $W(\lambda)$ 分别表示标准白板和黑白的光谱数据。

（2）选择感兴趣区域和提取光谱数据。

为了得到污染区域的光谱数据，首先要选择污染区域（即感兴趣区域，ROI），然后提取污染区域的平均光谱。通过以下步骤选择 ROIs 和提取光谱数据的自动处理，具体如图 5-5 所示：

Step 1：使用 Canny 算子对图像中的样本进行边缘检测。

Step 2：对背景样本区域进行二值化处理和分割，生成掩模。

Step 3：选取整个样本区域作为 roi，计算 roi 的平均光谱数据。

如图 5-6 所示给出了 392.9～998.0 nm 4 个污染级别的平均光谱数据，不同污染级别的反射率数据在上述波长围内表现出良好的分异性和规律性。

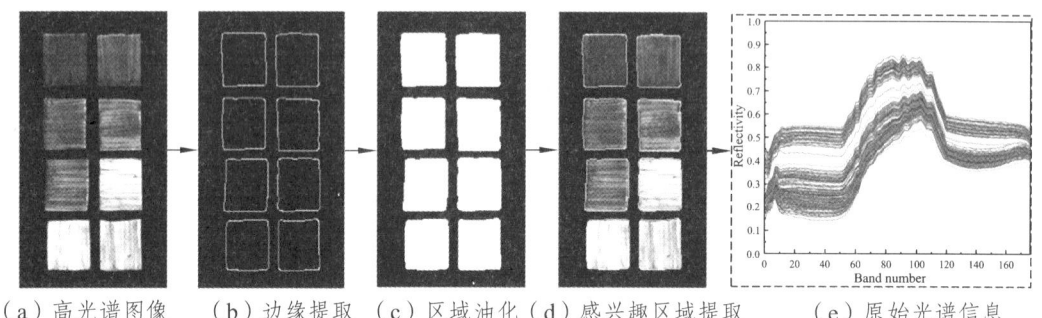

(a) 高光谱图像　　(b) 边缘提取　　(c) 区域油化　(d) 感兴趣区域提取　　(e) 原始光谱信息

图 5-5　感兴趣区域选择和光谱数据提取步骤

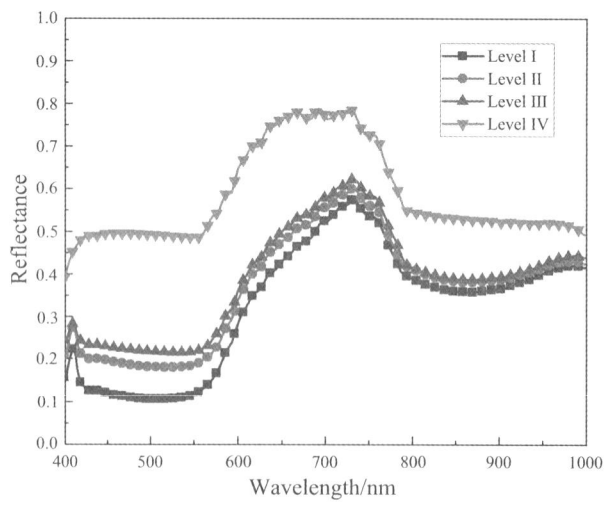

图 5-6　不同污秽等级平均光谱数据

曲线形状反映了被测物体在结构和组成上的差异。光在不同介电常数和磁导率介质中的相互作用严格遵循麦克斯韦方程和电磁辐射定律。入射光与空气、污染层、硅橡胶基片等多层结构相互作用,经过反射、折射、吸收后由成像仪检测。对于污染成分和基材相同的样品,由于光传播路径和检测对象相似,四个污染样品的光谱曲线形状具有良好的一致性。

反射率谱特征峰在 392.9～998.0 nm 处有几个明显的特征峰。污染度 I～III 的第一反射峰在 410～420 nm 处,宽度窄,振幅小。对于污染水平 IV,谱线在 420 nm 附近有上升趋势,但与低污染水平不同,没有下降趋势。另一个显著的吸收峰位于 590～780 nm 之间,在四种污染水平的反射谱中,它的宽度较宽,振幅较大。该特征峰在污染水平 IV 的峰值附近出现了明显的波动,这可能是因高岭土中 SiO_2 等特征成分导致。

在反射率值方面,污染样品的反射率与污染程度呈正相关关系。污染层干燥后呈现结晶(NaCl)和非晶态(高岭土)的混合状态。因此,沾染层增加了绝缘材料的表面粗糙度和光的漫反射。同时,由于覆盖在绝缘材料表面的污染层厚度的增加,绝缘材料的光吸收降低。综合这两个因素,整体反射率随污染水平的提高而增加,即:RIV> RIII> RII> RI。

(3)光谱数据预处理。

由于大气散射等干扰会增加数据分析过程中的误差,因此需对原始光谱数据进行多次散射校正(MSC)和主成分分析(PCA)预处理。

MSC 是常用的校正算法之一,它能有效消除不同散射水平所引起的光谱差异,从而增强光谱与污染水平的相关性。MSC 根据平均光谱数据对光谱数据的基线偏移和迁移进行校正。修正步骤如下:

Step 1:由式(5-3)求得谱的平均值为标准谱:

$$\overline{R}_j = \sum_{i=1}^{i=n} R_{ij} / n \tag{5-3}$$

其中,$\overline{R}_j$ 为第 j 波段的平均谱矩阵;R_{ij} 为第 i 个样本在第 j 个波段的频谱值;n 为样本数量。

Step 2:用一元线性回归计算样本谱和标准谱,通过式(5-4)计算线性回归的斜率和截距:

$$R_i = m_i \overline{R} + b_i \tag{5-4}$$

式中,$\overline{R}$ 为各频带的平均谱矩阵;m_i 为线性回归的斜率(偏移量),b_i 为截距(平移量)。

Step 3：根据式（5-5）对样本光谱进行校正：

$$R_{i(MSC)}=(R_i-b_i)/m_i \quad (5\text{-}5)$$

其中 R_i（MSC）为 ith 样本校正后的光谱数据。

为了验证校正后光谱数据的可区分性，采用主成分分析法对低维数据进行可视化处理。主成分分析的主要思想为：将 n 阶特征映射到 k 阶特征（$n \gg k$）。新的 k 阶特征称为 k 个主成分，是原始特征的线性组合。在此基础上，定义主成分得分为将原始数据代入 k 个主成分的结果，第 1 和第 2 个主成分得分构成二维特征空间，从而实现二维可视化。具体步骤如下：

Step 1：从数据中减去平均值：

$$\boldsymbol{R}_{Si}=R_i-\sum_{1}^{j=n}R_{ij}/n \quad (5\text{-}6)$$

式中，$\boldsymbol{R}_{Si}$ 为谱矩阵减去平均值；R_{ij} 为第 i 个样本和第 j 个波段的频谱；n 为能带数量。

Step 2：计算 $\boldsymbol{R}_S$ 的协方差矩阵 $\boldsymbol{C}$：

$$\boldsymbol{C}=\boldsymbol{R}_S\boldsymbol{R}_S^{\mathrm{T}}/d \quad (5\text{-}7)$$

Step 3：计算协方差矩阵 $\boldsymbol{C}$ 的特征值及其对应的特征向量：

$$\begin{cases}\boldsymbol{C}\boldsymbol{x}=\boldsymbol{v}\boldsymbol{x}\\|\boldsymbol{C}-\boldsymbol{v}\boldsymbol{E}|=0\end{cases} \quad (5\text{-}8)$$

其中，$\boldsymbol{v}$ 是特征值矩阵；$\boldsymbol{x}$ 是特征向量矩阵；$\boldsymbol{E}$ 是单位矩阵。

Step 4：根据特征值将特征向量排列至行矩阵中，取前 k 行形成矩阵 $\boldsymbol{k}$。

Step 5：根据式（5-9）计算新的 k 维数据：

$$\boldsymbol{Y}=\boldsymbol{K}\cdot\boldsymbol{R} \quad (5\text{-}9)$$

式中，R 为原始光谱数据；$\boldsymbol{K}$ 为第一个 K 个特征向量。

Step 6：计算前两个主成分得分：

$$\begin{cases}PC_1 Score=\boldsymbol{K}_1\cdot R_i\\PC_2 Score=\boldsymbol{K}_2\cdot R_i\end{cases} \quad (5\text{-}10)$$

其中 PC_1 得分和 PC_2 得分分别为第一个主成分 K_1 和第二个主成分 K_2 的得分。

Step 7：根据 PC_1 Score 和 PC_2 Score 的计算结果，建立原始光谱数据的二维特征子空间。污染样品二维空间分布如图 5-7 所示。

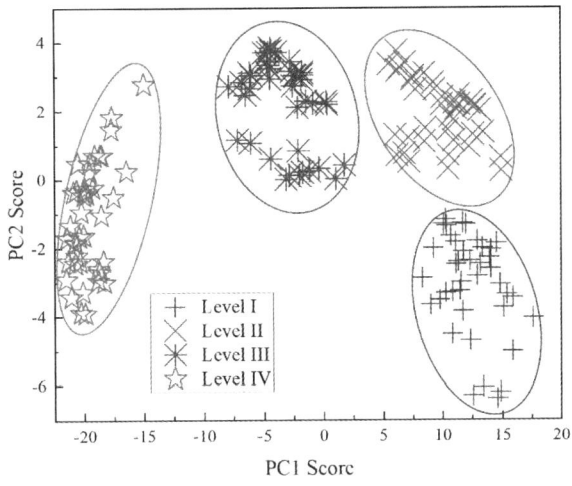

图 5-7　污染样品二维空间分布

可以看出，预处理后的光谱数据具有良好的聚类行为和可区分性。

（4）特征波段选择。

高光谱图像提供了丰富的空间光谱信息，但光谱相邻波段的高度相关性也导致了数据冗余，其计算能力和实时性受到了挑战。选择目标频带是降低数据维数的有效方法。目标波段选择的目的是去除冗余数据，最大限度地保留有效信息。在本研究中，使用连续投影算法（SPA）从 MSC 预处理的光谱（176 个变量）中提取目标波段。

SPA 是一种将向量在空间上的共线性最小化的前向变量选择算法，使用多元线性回归（MLR）分析进行评估目标波段选择的有效性。将光谱数据按每个污染等级 3∶1 的比值分为建模集 M 和验证集 V。

Step 1：确定提取变量的个数范围 N（$1 \leqslant \min \leqslant N \leqslant \max \leqslant 176$）。

Step 2：初始化投影操作向量：

$$\boldsymbol{x}_{k(m)} = \boldsymbol{x}_j \tag{5-11}$$

式中，$\boldsymbol{x}_k(m)$ 为投影运算向量；$\boldsymbol{x}_j$ 为随机的第 j 列；m 为迭代计数器；$m = 1$。

Step 3：设 S 为未选择列向量的集合：

$$S = \{j, 1 \leqslant j \leqslant 176, j \notin \{k(m) \mid m = 1, \cdots, N\}\} \tag{5-12}$$

Step 4：计算 x_j 在 M 的剩余列向量上的投影：

$$Px_j = x_j - [x_j^T x_{k(m)}] x_{k(m)} [x_{k(m)}^T x_{k(m)}]^T, j \in S \quad (5\text{-}13)$$

其中：P_{x_j} 为 x_j 在其他列向量上的投影。

Step 5：求最大投影值对应的列号：

$$j^* = \arg[\max(\|Px_j\|)], j \in S \quad (5\text{-}14)$$

其中：j^* 为最大投影向量的指标集。

Step 6：为下一次迭代分配投影操作：

$$x_j = Px_j, j \in S \quad (5\text{-}15)$$

Step 7：增加迭代计数器 $m = m + 1$。如果 $m \leq N$，返回 Step 3；否则，完成循环。

Step 8：如果 $N \leq \max$，$N = N + 1$，返回 Step 2；否则，完成循环。

Step 9：对 j^* 和 N 的每个元素进行 MLR，计算验证集 V 的均方根误差（RMSE），j^* 和 N 中最小 RMSE 对应的元素为所选频带和变量个数。

如图 5-8 所示为使用 SPA 进行 RMSE 和靶向波段选择的结果。RMSE 值在三个变量（即目标频带数）处迅速下降，在六个变量处达到稳定最小值，即六个变量是目标频带的最优解。6 个目标波段分别为 549.1、650.5、716.2、775.9、790.1、927.6 nm，从可见光到近红外分布均匀。

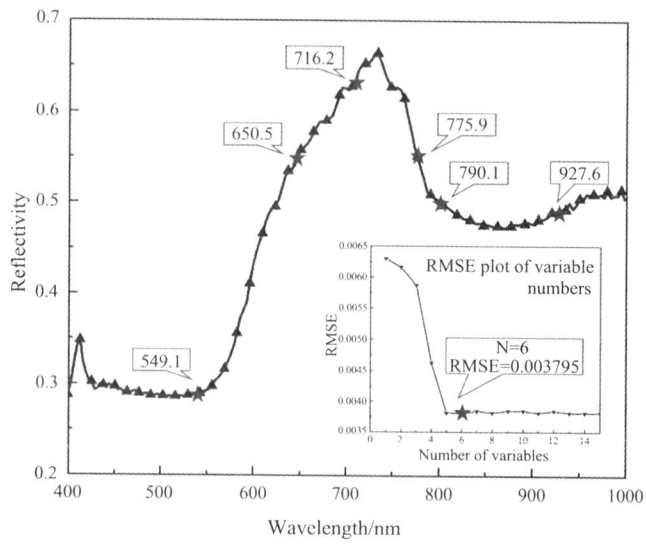

图 5-8 基于 SPA 的特征波段选择结果

（5）污染水平评价模型。

使用线性判别分析（LDA）、二次判别分析（QDA）、二次曲面支持向量机（QSVM）、线性支持向量机（LSVM）和K近邻（K-Nearest Neighbor，KNN）6种分类器模型进行评价不同的污染水平。

LDA和QDA是常用的距离识别方法，其基本思想为：通过训练集找到一个边界，将所有数据投影到边界上，使相同类型的数据尽可能接近，不同类型的数据尽可能分离。边界的判别函数在LDA中表示为线性函数，在QDA中表示为二次函数。在对新样本进行分类时，将数据点投影到边界上，根据投影点的分布完成分类。

SVM是一种基于监督学习对数据二值化进行分类的广义分类器，其决策边界为求解学习样本的最大边界超平面。SVM的基本模型为：在特征空间中寻找最优的分离超平面，使训练集上正样本和负样本的距离达到最大。LSVM和QSVM可以分别实现线性分类和非线性分类。

KNN算法的核心思想为：如果特征空间中一个样本的K个最邻近样本中大部分属于某个类别，那么该样本也属于此类别，且具有该类别中样本的特征。在本研究中，K由建模集决定。

污染水平评价模型框架分为训练层和验证层，如图5-9所示。首先通过模型训练确定分类器的参数，并输出经过训练的模型。然后利用验证集测试经过训练的分类器的准确率。

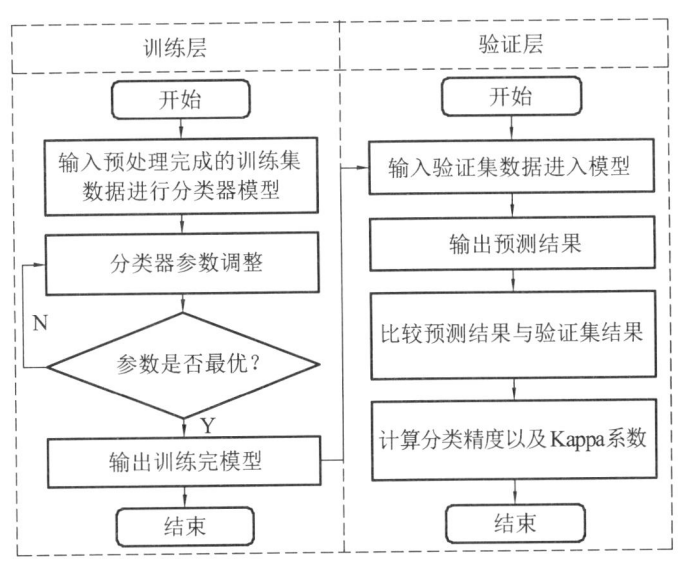

图5-9 评价模型框架

(6)污染水平可视化。

基于光谱信息而不是图形信息的评价结果可以使高光谱图像实现像素级分类,从而使污染水平和污染分布可视化处理。

将每个像素点的光谱数据输入模型中,利用伪彩色图形进行可视化。如图 5-10 所示为获得可视化结果的一组样本示例,其中右侧的色度图对应污染水平。结果表明,可视化处理可以使分类结果更加直观,使绝缘子表面污染程度的评价更加准确。

图 5-10 可视化结果

(7)污秽等级判断结果精度,如表 5-3 所示。

表 5-3 评估精度对比

分类模型	输入变量	分类精度/%	Kappa 系数	模型训练时间/s
MSC-All-LD	176	97.5	0.966 7	3.694 0
MSC-All-QD	176	95.0	0.933 3	3.953 2
MSC-All-QSVM	176	95.0	0.933 3	9.475 8
MSC-All-LSVM	176	92.5	0.900 0	9.717
MSC-All-KNN	176	95.0	0.933 3	3.575 5
MSC-SPA-LD	6	97.5	0.966 7	1.298 0
MSC-SPA-QD	6	95.0	0.933 3	1.402 9
MSC-SPA-QSVM	6	92.5	0.900 0	6.353 8
MSC-SPA-LSVM	6	92.5	0.900 0	6.326 3
MSC-SPA-KNN	6	92.5	0.900 0	1.461 7

显然，所有基于波段的模型和基于目标波段的模型均表现出良好的分类精度和 Kappa 系数。其中，MSC-All-LD 模型和 MSC-SPA-LD 模型的准确率达到 97.5%，其他模型也可以保持在 92.5% 以上。值得一提的是，所有基于波段的模型完成模型训练过程需要更多的时间，并且随着样本数量的增加，代价会显著增加。然而，建立庞大的数据库是 HSI 不可避免的。因此，在实际应用中，我们倾向使用特征波段模型：MSC-SPA-LD。

相同的研究思路同样适用于污秽成分以及湿度的检测，如图 5-12 所示。基于高光谱数据建立的 CARS-RF、RF 分类模型对单一污秽成分的识别准确率分别达到 91.7%和 93.3%，实现了污秽成分的精确快速识别。建立的 CARS-RF、RF 分类模型可对混合污秽成分识别准确率分别达到 90%和 75%。

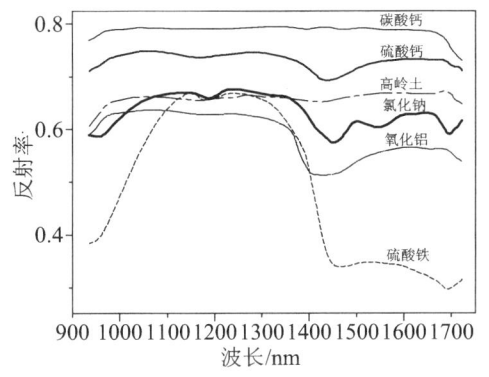
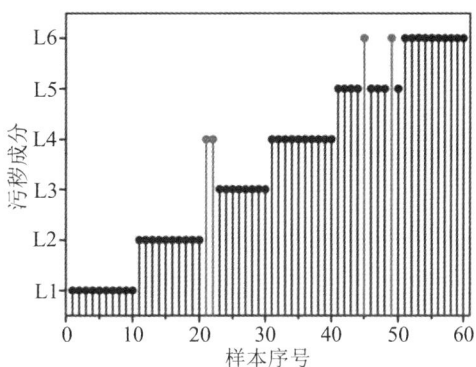

图 5-11　不同污秽成分光谱特性及识别结果

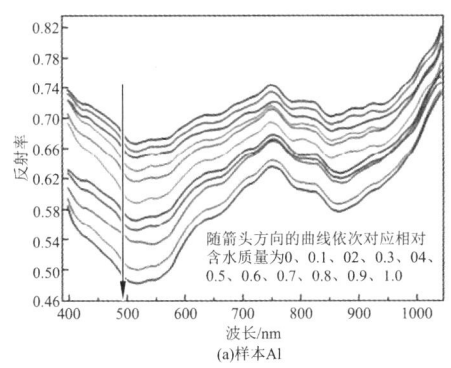
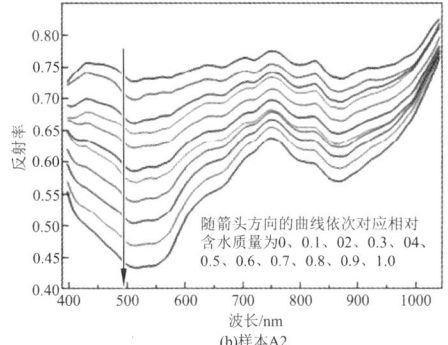

图 5-12　不同污秽层湿度光谱检测结果

不同潮湿度污秽的高光谱谱线在可见光和近红外光（400~1 040 nm）下具有明显的

差异，这种差异受到基材、污秽量和含水量三种因素的共同影响。

2. 充油设备漏油检测

变压器、电抗器、电流互感器等充油设备从制造到运行的整个工业环节都不可避免地会出现油泄漏，增加了绝缘失效的风险，导致污染环境。为了防止设备出现漏油缺陷，已有几种方法用于早期缺陷监测。由高素质的工人进行人工观察是目前最常用的方法之一，但漏油量小的缺陷很难人工发现。油表读数法和红外热像法依靠油位高度下降和异常温升方法间接识别存在大量漏油的缺陷，油迹无法定位。一般来说，在初期阶段缺乏方便、有效、直观的检测潜在漏油的手段。

荧光的产生如图5-13所示。荧光效应是环烷烃混合物的典型特征，它的定义为：物质粒子被特定波长的光照射后进入激发态，立即去激发并发出较长波长的光。芳香烃和烷烃是各种绝缘油的主要成分。已有研究表明，不同的组成和老化状态会导致绝缘油的荧光发射光谱发生变化。为了追求特定油的荧光效应，需要事先验证独特的激发光谱和荧光光谱，采用带有特定单波长滤光片的电荷耦合器件（CCD）进行荧光成像，难以同时获得清晰的设备纹理信息和荧光检测结果。另外，由于荧光强度的限制，原有的荧光方法只能在黑暗环境中使用。为了克服这些问题，提出了一种采用高光谱成像技术（HSI）的荧光增强成像方法，即荧光高光谱成像技术（FHSI），提高了通用性和灵敏度。

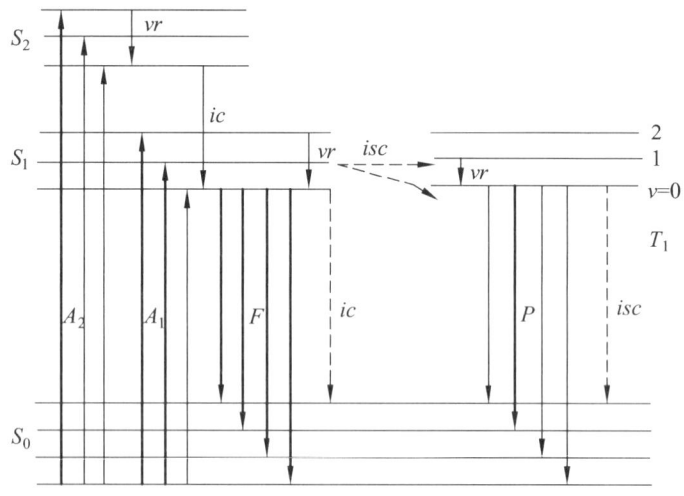

F—荧光；P—磷光；A_1，A_2—吸收；ic—内转换；isc—系间串跃；vr—振动松弛。

图5-13 荧光的产生

实验系统框图如图 5-14(a)所示。采用 1 500 mm × 1 500 mm 的垂直板法兰和 0.5 mL 矿物绝缘油（#25）模拟设备表面漏油故障，如图 5-14（b）所示。对比荧光强度，如图 5-14（c）所示，选择以 365 nm 为中心的光源作为绝缘油的荧光激发源。并采用卤素灯作为背景光源模拟正常光线条件。采用推扫式高光谱成像仪行扫描获取三维数据立方体（x, y, λ）。实验系统主要参数如表 5-4 所示。

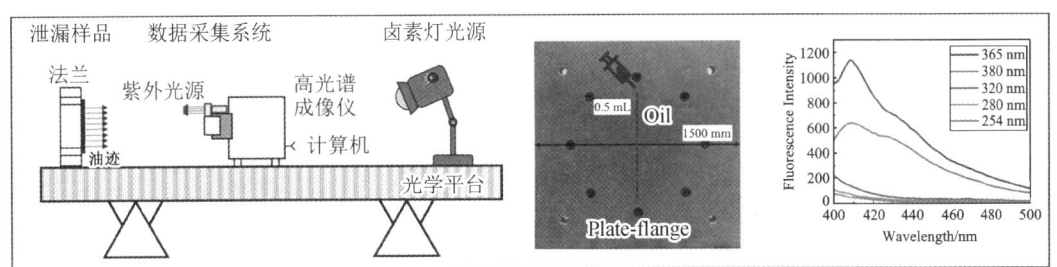

（a）试验系统框图　　　　（b）漏油样品　　（c）绝缘油荧光强度对比

图 5-14　绝缘油泄漏检测实验装置的基本结构和组成

表 5-4　系统主要参数

(16)设备	(17)参数	(18)值
(19)卤素灯光源	(20)光通量	(21)1800 lm
(22)紫外灯光源 (23)（1-2 档）	(24)波长范围	(25)320 ~ 400 nm
	(26)中心波长	(27)365 nm
	(28)光通量	(29)350 lm or 700 lm
(30)高光谱成像仪	(31)光谱分辨率	(32)2.8 nm
	(33)光谱范围	(34)392.9 ~ 998.0 nm
	(35)波段数落	(36)176
	(37)CCD 像素值	(38)1 936 × 1 456

反射光谱 $R_{F-R}(\lambda)$ 表现了不同波长波段荧光-反射光强 $I_{F-R}(\lambda)$ 在入射光强 $I_{F-R}(\lambda)$ 中的比例，即 $R_{F-R}(\lambda) = I_{F-R}(\lambda)/I_{IN}(\lambda)$，这取决于物体的表面条件和化学结构的性质。为了克服噪声和暗电流干扰，分别获取全白校准数据 $w(\lambda)$ 和全黑校准数据 $B(\lambda)$，对原始光谱数据 $R\_(F-R)(\lambda)$ 进行校准：$R_{F-R}(\lambda): R'_{F-R}(\lambda) = (R_{F-R}(\lambda) - B(\lambda))/(W(\lambda) - B(\lambda))$。由于传感器检测范围的边缘波段受到外界噪声的干扰较大，保留 408.8 nm ~ 971.9 nm 的波段进行后续分析，标定后的数据谱 $R'_{F-R}(\lambda)$ 如图 5-15 所示。

一方面,由于荧光效果,反射的石油跟踪明显高于非石油区域的反射率乐队从 408.8~502.8 nm,反射系数的值也随波长的增加减少,遵循绝缘油的荧光特性。另一方面,在波长大于 502.8 nm 时,油迹区与非油区反射率近似相等,这与可见光范围内难以直接观测油迹的现象一致。值得一提的是,在实际应用中,紫外光源的强度和成像系统与目标的探测角度是影响成像效果的重要因素。因此,将分别讨论上述因素对光谱特性的影响。

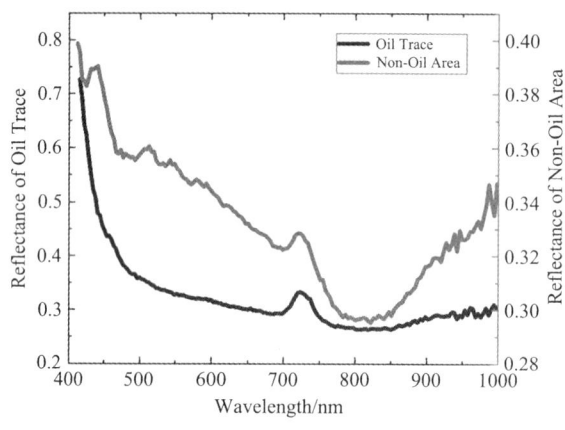

图 5-15 油迹区和非油迹区反射光谱

如图 5-16 所示给出了单功率(5 W)、双功率(10 W)紫外光源和恒定卤素灯功率(100 W)下的反射率百分比差(RPD,$RPD(\lambda) = (R'_{\text{double}}(\lambda) - R'_{\text{single}}(\lambda))/R'_{\text{single}}(\lambda)$)。在油迹方面,随着波长的增加,紫外光强度对 RPD 的影响逐渐减小,在 502.8 nm 后 RPD 小于 10%。在非油区,紫外光源强度在 408.8~971.9 nm 范围内对 RPD 有较小影响。

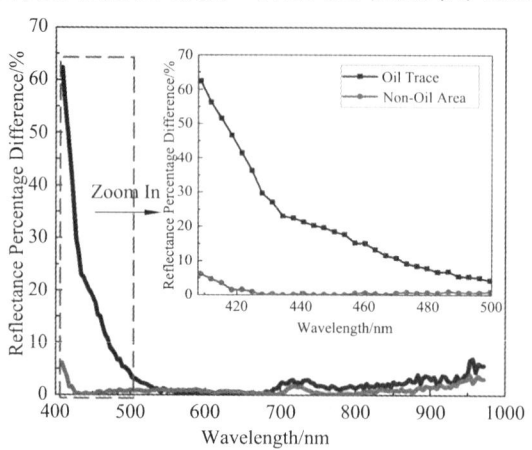

图 5-16 不同紫外光功率下的 RPD 结果

如图5-17所示为数据采集系统与0°~45°目标法向量在不同角度下的反射率光谱特征。无论是油迹区还是非油区，反射率均随夹角余弦值的增大而减小。为了获得更好的测量效果，被测平面应与数据采集系统正交。

在探讨油迹和非油区反射光谱特征的基础上，利用光谱信息与空间信息的相关性，实现特征提取和断层可视化。研究发现，利用单波段灰度图像在30个荧光波段（408.8~502.8 nm）的像元强度变化，对油迹进行光谱特征分析有助于油迹识别。然而，单波段图像很难提取出设备的纹理信息和实现油迹定位（尤其是大型设备）。

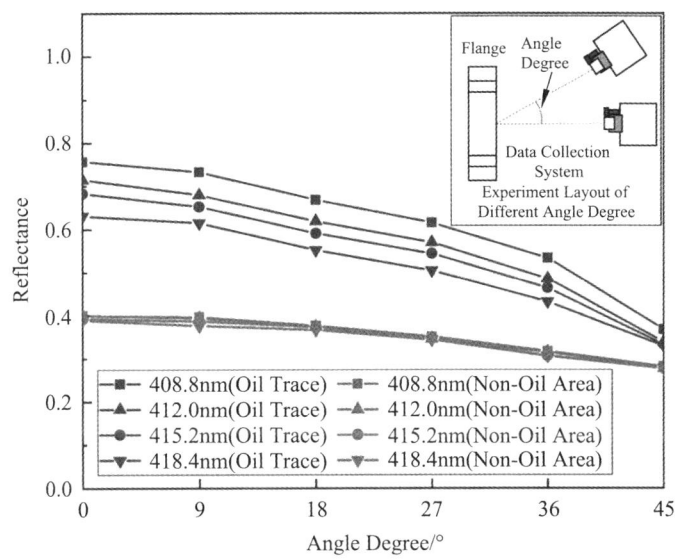

图5-17　不油迹和非油区在不同角度下的反射光谱

基于连续空间投影，将主成分分析（PCA）方法应用于从高维（n阶）数据到低维（k阶，$k \ll n$）数据的数据压缩和特征提取。将原始荧光波段放入PCA算法中进行融合，如图5-18所示。选择前5个得分图像，其方差累积贡献率可达95.27%，其中第一主成分的方差贡献率可达88.03%。如图5-18（b）所示，五种主成分图像在油迹区和非油迹区显示效果均较好，考虑方差贡献率，PC1图像显示效果最好。

如图5-19所示为试验变压器油箱表面（金属）、试验变压器外壳（环氧树脂）、复合绝缘子伞裙（硅橡胶）、柱式绝缘子伞裙（瓷）的FHSI漏油检测结果。结果表明，以上所提出的方法可从实际动力设备表面检测出泄漏油迹。

5 电力设备新型光谱检测技术

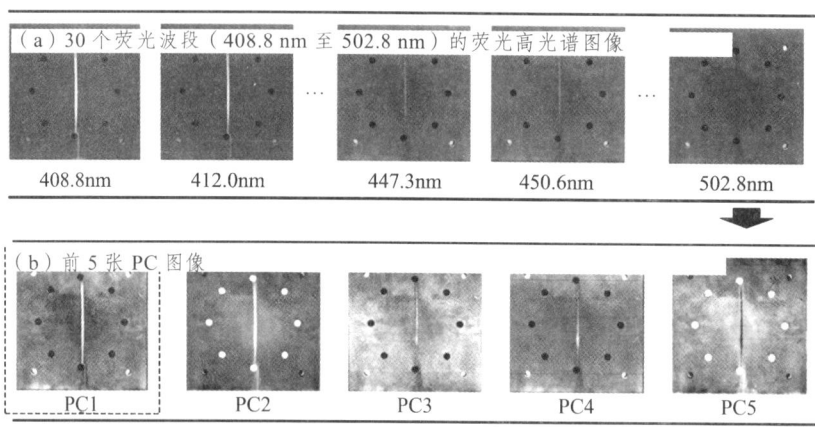

图 5-18 设备外部油迹可视化流程图

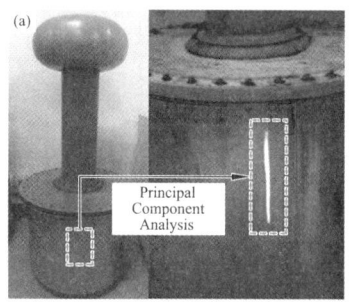

（a）试验变压器油箱（金属）

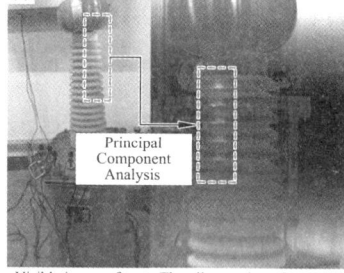

（b）试验变压器外壳（环氧树脂）

（c）伞裙（硅橡胶）的复合绝缘子

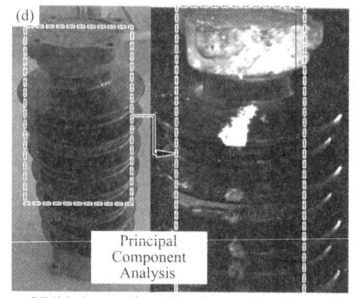

（d）柱式绝缘子的伞裙（瓷）

图 5-19 FHSI 油迹检测结果

5.2 多光谱成像技术

5.2.1 多光谱相机原理

多光谱相机通过分光技术获得地物的多个谱段所辐射或反射的信息。多光谱相机的分光技术决定了相机的结构、体积以及影像数据处理方法。目前多光谱相机分光策略主要分为光路分光式分光、滤光片轮式分光和多镜头式分光。

1. 光路分光多光谱相机

光路分光相机可将光通过一个镜头，并经过分光器件将全色光分散到多个传感器平面上，在多个平面上获得同一个场景的多光谱图像。部分相机在将光分散到多个平面后，通过棱镜将光反射到同一个传感器平面的不同区域，从而分块成像。

光路分光是较早出现的同时也是最为成熟的分光技术，通过用棱镜或光栅将目标的不同波长的光离散开，再通过会聚系统将目标不同波长的光聚焦在探测器的不同位置。光路分光主要分为棱镜分光和光栅分光技术。棱镜分光的原理如图 5-20（a）所示，它利用不同波长的光在介质中折射率不同的原理进行分光。光线进入棱镜后，因在棱镜中不同的折射率最终投影到不同位置的探测器上。棱镜分光优点是光学效率高，不存在光谱级重叠的问题，但棱镜对于光谱的色散是非线性的，受材料的限制，棱镜分光在紫外范围内色散性能优于红外范围。

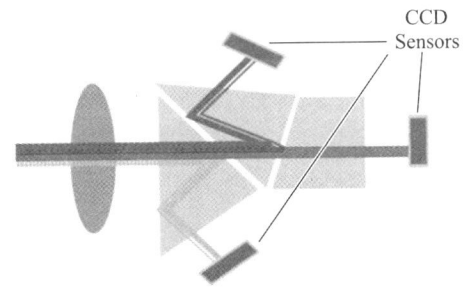
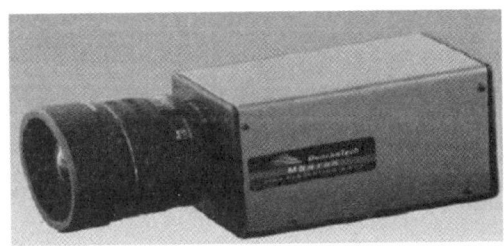

（a）光路分光原理　　　　　　　　（b）MS4100 相机

图 5-20　光路分光原理和 MS4100 多光谱相机

光栅是重要的色散元件，也是目前成像光谱仪最广泛采用的一种分光器件。光栅分光原理是利用光经过大量等间隔的狭缝产生衍射和干涉的现象从而进行分光。光栅分光具有高色散率和色散均匀性的优良特点，但是光栅光学效率较低，结构较复杂。

2002 年，美国邓肯技术公司（Duncan Technologies，Inc.）推出了单镜头多 CCD 数字相机 MS4100，该相机即采用棱镜分光方法获取多光谱图像，广泛应用于精准农业和林业、环境评价、海岸线管理、湿地研究等领域。MS4100 相机图如图 5-20（b）所示。光路分光式多光谱相机具有技术成熟、图像质量高的优点。

2．滤光片轮式多光谱相机

滤光片轮式多光谱相机成像原理为：将传感器采样频率与滤光片轮转频率适当同步，使滤光片每轮转到一个滤光片上，且均能在传感器上成像。滤光片轮式多光谱相机的滤光片可以更换，自由选择波段和通道数且光路简单。SpectroCAM 多光谱相机采用滤光片轮转式分光方式，通过滤光片转轮获取地物八个波段的反射信息。原理图和 SpectroCAM 实物如图 5-21 所示。

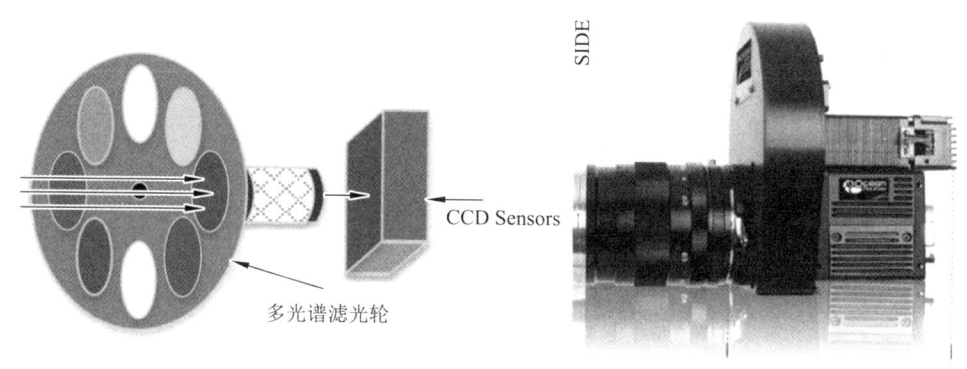

图 5-21　基于滤光片轮式分光的原理和 SpectroCAM 多光谱相机

3．多镜头分光多光谱相机

多镜头分光多光谱相机将每个谱段成像由分开的 CCD 成像平面阵列和光学装置完成，这种方案的多光谱 CCD 相机，实质上是由多个 CCD 相机组装而成，每个相机镜头前配有不同的滤光片，每个镜头获取一个波段的图像，多个镜头对同一目标同时曝光以获取多波段图像。光谱带的选择是由各通道物镜前的光学滤光片完成。如图 5-22 所示。此类型多光谱相机的每个谱段都有独立的探测器和滤光片，且分别对应一个数据采集系统，会拥有较高的地面分辨率和图像质量。这种方案系统设计简单，分光方法简便易行,可以更换不同焦距的镜头和不同波段的滤光片,具有较大的灵活性。采用多镜头分光的代表相机是 Mini_MCA,Mini MCA 拥有极好的地面分辨率且用户可更换滤光片。

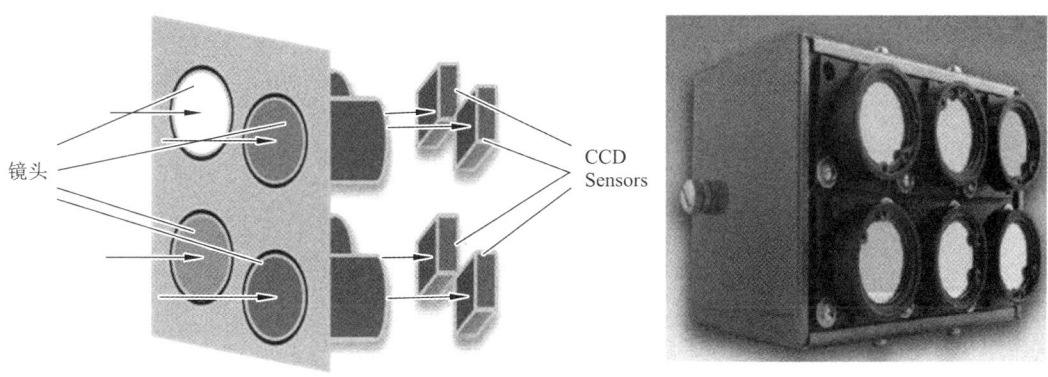

图 5-22　基于滤光片轮式分光的原理和 Mini_MCA 多光谱相机

光路分光式多光谱相机复杂的光栅棱镜使得相机体积较大且相机系统复杂,波段数的增加导致图像质量的降低及成本的提高。轮转系统增加了滤光片轮式多光谱相机系统的复杂性,无法使相机达到理想的最小体积和质量。由于多个波段的姿态数据不一致,也增加了后续的影像的处理难度。多镜头分光多光谱相机中多个镜头、多个滤光片和多探测器的使用导致相机无法达到理想体积和质量。如果采用短焦距镜头和小探测器实现较小的相机体积和质量,多光谱图像质量会受到一定的影响。

5.2.2　多光谱成像的应用

尽管多光谱系统光谱分辨率远低于高光谱成像系统和超光谱成像系统,但由于其成本低、成像速度快、成像系统简单,多光谱系统广泛应用于遥感遥测和无损检测等领域中。本节将从多光谱技术在遥感探测、伪装识别、精准农业、食品安全、石油化工、医疗诊断、油画壁画颜料鉴定等几个方面简单描述光谱技术的应用。

1. 遥感探测

光谱成像在早期主要应用于地面覆盖物分类、矿物勘探和农业评估,且仅使用了少量的可见光和红外光谱波段。星载或机载的多光谱传感器同时对地面场景中较大区域进行多谱段成像。通过光谱数据处理可得到每个像素上的反射光谱曲线，进而可以反演出相应位置存在的材料。

多光谱遥感探测可实现很大区域长时间的探测和监控，在异常探测、目标识别和背景表征等方面优势显著，如图 5-23 所示。在异常探测方面的应用，如军事应用中常把车辆、营地等目标结合环境色彩伪装起来以隐藏行踪，用人眼或常规相机、望远镜很难从背景中发现目标。多光谱技术通过多个波段连续成像以及不同材料物质反射光谱的差异性把目标从自然物体中区分出来。另外，遥感光谱还可用于自然灾害下的人员搜救、人为制造的污染、植被覆盖情况、土壤状态、水质状态等。在目标识别方面，可用于目标探测以预警、自然界中物体变化检测、状态检测、植被分类、矿物勘探、植被状态检测等。背景表征上，在地面可用于地形分类、交通检测、特定目标检测，海洋上可用于沿海深度测量、水质变化、水下目标探测，大气中水分含量、气溶胶状态、烟/云识别、大气主要成分分析等。

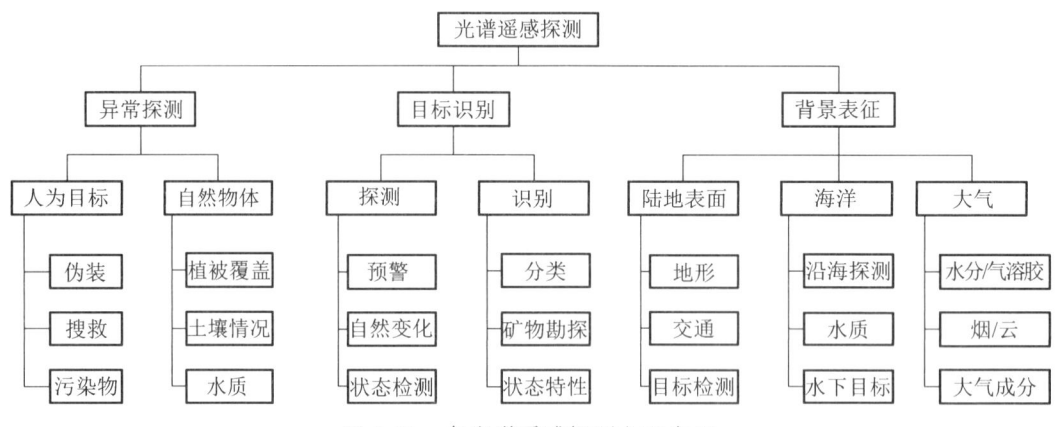

图 5-23 多光谱遥感探测主要应用

2．精准农业

精准农业是指将现代化信息技术、工程装备技术和生物技术应用在农业生产当中，以替代传统的粗放型农业生产模式。实时检测植物生长状态和土壤养分情况，精准作业以提高生产效率和产量，同时降低对生态环境的污染。多光谱技术可以针对精准农业中土壤养分和植物生长状态进行检测和识别，如土壤全氮含量测定、水分测定以及植物虫害检测、病变检测、叶绿素含量测定、杂草识别等。除此之外，应用多光谱显微镜还可以进行种子质量检测，以提高种子质量，对提升粮食产量有着重要意义。

3. 食品安全

多光谱技术可以实现实时、无接触、无污染地检测物质成分,从而可以在食品安全方面用于快速检测食品物质成分,以判定有无有害物质。例如利用红外光谱法检测食品中农药残留、蛋白质含量、防腐剂含量、酒类成分等方面。另外,利用荧光光谱法还可以进行黄曲霉素、伏马毒素的检测,以保证蔬菜、茶叶、乳制品的食品安全性。采用拉曼光谱进行肉类新鲜度检测。光谱技术由于其无接触无污染的特性,在有关日常食品的品质、微生物、药物残留等检测中有着重要应用。

4. 石油化工

润滑油品质的好坏直接影响着发动机运行状态。品质优良的润滑油不仅使发动机正常运转还能够延长其工作寿命。但润滑油品质参差不齐,仅从外观很难判定其品质好坏,而通过化学方法的检测所需时间过长。光谱技术则可以快速在线检测润滑油的黏度、含水量、颗粒含量等以判定润滑油品质。

5. 医疗诊断

病变组织由于其功能特性、结构特性与正常组织存在一定差异,所以采用光谱技术可以精准判定病变组织的特性。目前拉曼光谱已广泛应用于癌症诊断和病毒判别。采用荧光光谱技术还可实现肿瘤组织边缘识别,以实现无医源损伤地完全切除肿瘤组织,从而降低复发率。

6. 壁画/油画鉴定

壁画采用多种不同颜料绘制,是我国重要的文物资源,具有重要的历史文化价值。但部分壁画年代久远颜料脱落,难以修复。多光谱技术可以无损且快速地识别颜料成分,为壁画的修复和保护提供重要参考依据。此外,多光谱技术还可以用于油画的真假识别。

5.3 多光谱光电探测技术

5.3.1 多光谱放电检测技术

电力设备在生产、运输、装配及运行中会不可避免地产生诸如导体尖端划伤、悬浮电位或绝缘子表面异常等绝缘缺陷,一方面在电场作用下绝缘缺陷将引起局部放电,另

5 电力设备新型光谱检测技术

一方面局部放电加剧绝缘的劣化程度，甚至造成绝缘贯穿性击穿，从而引发严重事故，因此开展局部放电检测对保障设备安全可靠运行具有显著意义。局部放电过程伴随着电荷移动、电磁波传播、声波传播、光辐射等多种物理现象，对应形成了脉冲电流法、超（特）高频法、地电波法、超声法和光测法等检测方法。

然而电力设备实际运行工况中常伴随不定期的电磁和噪声干扰，这给以电磁波和声波为对象的检测方法带来了巨大的挑战。光测法是一种以放电光辐射为检测对象的方法，由于光辐射发生在放电发展中场致发射、电离、附着、复合和消散的全过程，因此光测法作为一种本征和直观的表征手段，在局部放电检测中具有独特的技术优势：

（1）光传播和耦合过程几乎不受电磁波和声波干扰影响，测量结果具有极高的置信度。

（2）局部放电光谱能够反映电子温度、激发截面和发展模态等微观信息，可利用光谱特征对放电机制和绝缘劣化程度进行深入分析。

（3）将放电统计信息和光谱信息相结合，不但能判断放电类型，还能反映放电强弱（能量）。

到目前为止，已有不少学者对放电的光学检测展开研究，然而该方法只能局限于实验室范围。这是由于传统的放电光学检测方法受器件性能因素的影响，主要依靠单光谱进行检测，这种方法有一种致命缺点：而传感器所检测的放电光学信号会随着电力设备内放电的位置与传感器的距离的变化而发生改变，这将导致传感器所检测出来的光学信号在现场不具有任何意义。实际上，放电所辐射出的光谱与放电程度以及放电特征密切相关。不同形态及不同特征的放电的辐射光谱有明显差异，意味着其辐射出的光谱成分会有变化的，因此多光谱放电检测技术也应运而生。

多光谱放电检测技术通过筛选多个特征波段，利用多频带下的特征对放电实现模式识别或进行风险评估，具有十分广阔的应用前景。

1. 多光谱检测技术所使用的传感器

在放电检测领域，由于绝缘系统中大多形式的放电光辐射较弱，为了能有效探测放电光辐射，一般采用基于外光电效应的真空光电倍增管（PMT）。但由于PMT最小电子加速行程和最低阴极电势的限制，其尺寸（~10 cm）和外驱动电压（~kV）都难以降低，且其工作寿命有限，因此PMT大多用于局部放电的实验室研究，难以作为电力设备的内置式局部放电光学传感器，更无法形成光学传感器阵列。

基于雪崩二极管（APD）的硅光电倍增管（SiPM）是近年发展出的一种固体光子计

数器。APD 是一种基于固态光电导效应的光敏器件，通过硅基掺杂大面积 PN 结形成可接受光子的耗散区，当场强达到 5×10^5 V/cm 时，其中的电子空穴对获得足够的动能引发次级雪崩击穿，此过程被称为盖革雪崩（geiger avalanche）。在经历了长时间的针对 APD 性能、结构及工艺上的优化后，APD 在响应波长范围、光子探测效率、光子分辨能力及芯片尺寸等方面得到显著提升，这也促进了新一代固态微型硅光电倍增器的诞生。硅光电倍增器在技术上是在 mm^2 级尺度上高度集成了数千个 APD，与串联电阻构成一个微结构单元。对 SiPM 施加 30 V 左右的反向偏压使得内部集成的 APD 工作在盖革模式中，因此当有入射光子进入微结构单元时，APD 内部会产生一个自持电荷雪崩，当产生的光电流流过串联电阻,通过无源淬火将 APD 两端的反向电压减小至低于其击穿电压的值。随后内部 APD 两端再充回雪崩偏压以上，可以重新检测随后入射的光子。通过这种雪崩-淬灭-再充电的过程，使 SiPM 的微结构单元可以在"状态 0"和"状态 1"之间切换，类似于数字信号。值得注意的是，盖革雪崩发生的区域仅限于接收到光子的微结构单元，在雪崩过程中，其他未接收到光子的单元仍处于完全充电状态，即"状态 0"，随时准备好接收新的光子。因此所有集成在 SiPM 中的微结构单元的"状态 1"和"状态 0"的数字化信号总和构成一种准模拟信号输出，具有提供瞬时光通量大小信息的能力。SiPM 结构及检测光子原理如图 5-24 所示。与 PMT 相比，SiPM 在具备与 PMT 相当

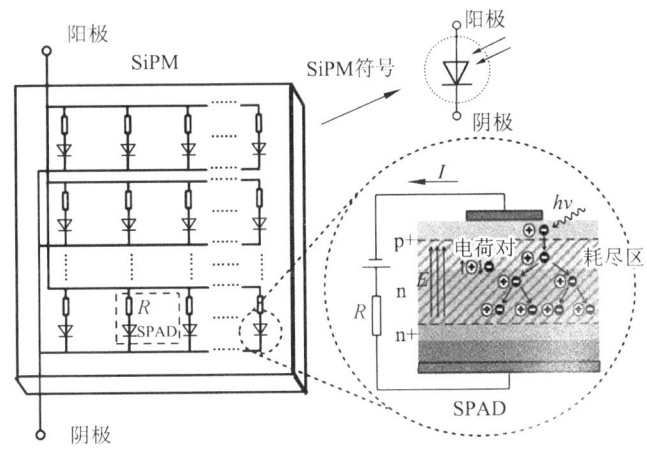

图 5-24　SiPM 结构及弱光探测原理

的弱光探测能力的同时，又兼具固态传感器的诸多优点，如外施偏压低、尺寸微小、抗电磁干扰以及成本低廉等。如表 5-5 所示，对比目前常用弱光探测传感器的性能，可以看出新生的 SiPM 几乎在所有方面远胜于以 PIN 光电二极管、APD、PMT 为代表的传统

光学检测器件，为多光谱放电检测技术打下了探测层面的基础。实际上，SiPM 凭借上述优势带动了核医学诊断（PET-MR）、高能物理、激光雷达等领域的发展，也展现出在电气领域获得进一步应用的潜力，目前也有不少学者对该类传感器进行研究。

表 5-5　常用弱光探测传感器性能比较

性能参数	传感器技术			
	PIN 光电二极管	PMT	APD	SiPM
增益	1	$\geqslant 10^6$	10^2	$\geqslant 10^6$
运行电压	5 V	~kV	0-1 kV	30 V
温度敏感性	低	低	高	低
机械鲁棒性	高	低	中	高
传感器一致性	良好	差	差	优异
成本	低	高	高	低
抗电磁干扰能力	强	弱	强	强
噪声	低	低	中	低
响应时间	快	快	慢	快

2. 多光谱检测技术实现的物理基础

实际上，最早出现对放电的描述就是从光学的角度出发，电晕放电的英文单词 corona 的词源为花冠，因电晕放电形似花冠而得名。近年来，学者们从工程测量的角度对伴随放电出现的超声、电磁波、脉冲电流等各种物理过程进行了较为广泛的研究，而对其局部放电光学特性的研究主要是针对放电物理基础特性的探索，其中放电光谱特性是研究放电发生、发展机制的重要手段。

由于电力设备中绝缘采用 SF_6 的比较多，这里以 SF_6 气体举例说明多光谱放电检测的物理基础。在试验研究方面，由于 SF_6 气体局部放电光辐射较弱且持续时间极短，因此早期对 SF_6 中局部放电光谱的试验研究主要依靠累积光谱测量，学者们对包括尖端电晕放电、悬浮电位放电、金属颗粒放电等不同绝缘缺陷的局部放电发光光谱展开试验研究，结果表明：0.1 ~ 0.5 MPa 气压范围内的局部放电的光谱主要分布在 300 ~ 500 nm 范围内；相比尖端电晕，火花放电在 370 ~ 400 nm 范围内及 685 nm 附近的光谱成分明显较高；此后，借助于分光计和高速条纹相机，SF_6 气体中放电发展不同阶段（流注及多级先导）的瞬态光谱演化过程也得以展现。试验发现，由多级流注向先导放电的过程中所产生的辐射谱线主要集中在 560~720 nm 范围内，其光谱积分强度与全波束范围内强度的比值可反映局部放电发展的阶段特征，结果如图 5-25 所示；此外，学者们采用相同的测量方法探索了杂质气体和电压极性对 SF_6 放电辐射光谱分布的影响。

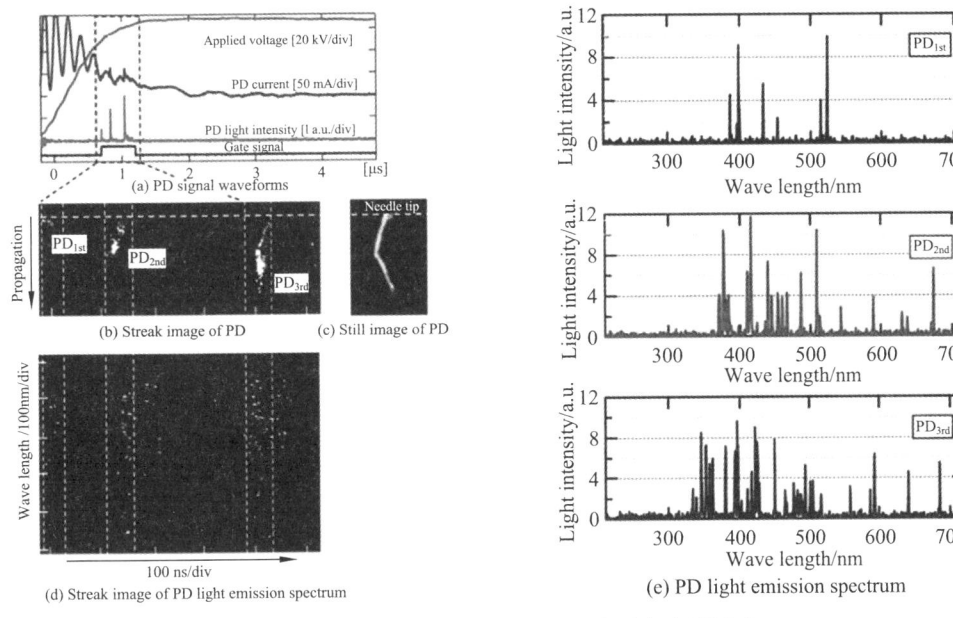

图 5-25 SF_6 气体中多级流注放电的瞬态光谱演化

考虑到气体放电发展的时空演化特性，多通道同步光谱测量的方法也应用于 SF_6 及 SF_6/N_2 混合物中放电的研究中，研究表明：0.2~1.4 MPa 气压下的 SF_6 及 SF_6/N_2 混合物电晕放电通道内振动温度 T_v 均大于转动温度 T_r，且 T_v 受放电电流的影响相对较小；在光谱分布上，电晕放电在 200~850 nm 范围内表现出明显的极性效应，负极性放电在 420~510 nm 范围内光谱成分明显小于正极性。

在仿真研究方面，学者们采用电子能量概率方程（EEPEs）对 SF_6 气体放电中的电子能量密度分布和瞬态产物进行了数值分析，获得了 2~7eV 电子能量范围内的电离和吸附反应概率系数（见图 5-26（a）），以及 10~200 eV 范围内分解电离的主要反应概率截面系数（见图 5-26（b））。如图 5-27 所示为电子能量大于 16 eV 时 SF_6 电离分解的反应路径和各电子截面反应的主要贡献。上述研究结果表明，F 系粒子和 SF_5^{5+} 是高能放电的主要产物，负离子产物密度明显高于电子密度。该结论也解释了 Soh Yoshida 等人和 John T. Krile 研究结果中高能放电所产生的特征光谱，该结果同时也为 SF_6 高/低能放电的光谱表征建立了理论依据。

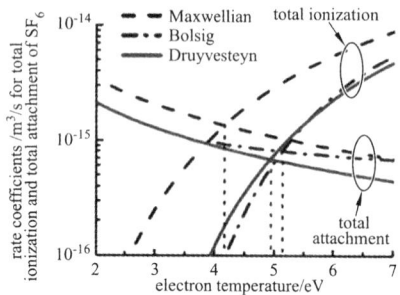 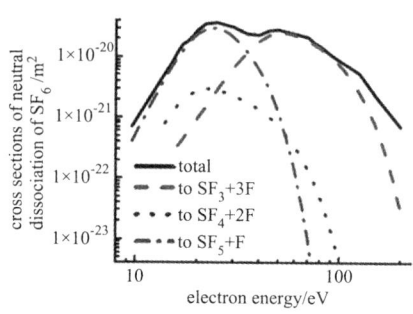

(a) 总电离及总吸附系数与电子能量的关系　(b) 电离分解主要反应截面与电子能量的关系图

图 5-26　SF_6 气体放电中电子碰撞反应截面与电子能量关系的 EEDF 仿真结果

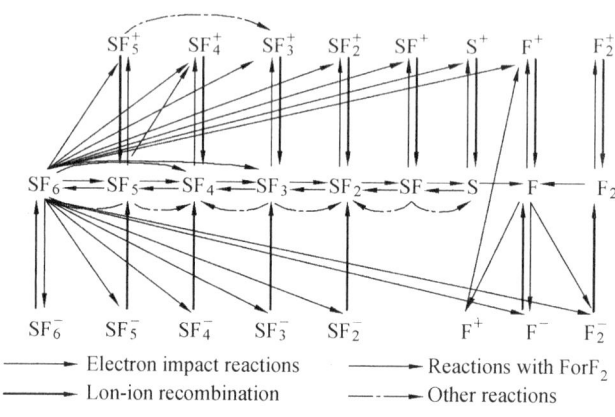

(a) SF_6 电离或电离分解的反应路径

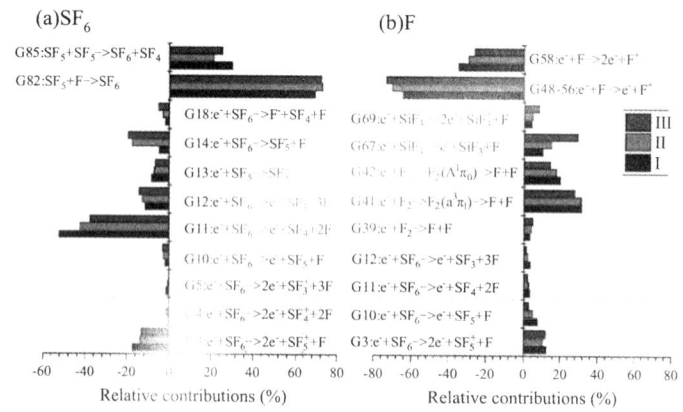

(b) 各电子截面反应的主要贡献图

图 5-27　SF_6 电离或电离分解的反应路径和各电子截面反应的主要贡献

综上所述，光谱中既包含可直接反映放电过程中电子能量分布的特征谱线，也存在能够表征放电驱动机制（场致电离/电子崩/流注/先驱先导）和放电界面（气体/金属/固体）的特征波段，通过对光谱信息的解读能够揭示放电的微观过程，实现放电精细化诊断和模式识别。

3. 多光谱检测技术

局部放电脉冲相位分布（Phase Resolved Partial Discharge，PRPD）模式是目前主流的特征表示方法，也称为 φ-q-n 模式，可由图像直观表示局部放电脉冲所对应的工频相位 φ、放电量 q 和放电次数 n 之间的关系。

本文以常见的电晕放电、沿面放电及悬浮放电三种类型的放电为例，构造光测法的PRPD 图谱，尖端放电通常由汤森放电或电离度较弱的流注放电驱动；对于沿面放电而言，其缺陷结构及涉及介质更为复杂，除了发生在气体中的电离外，还存在固体介质表面产生的二次电子发射；悬浮放电是一种具有完整放电通道、充分发展的火花放电，因此与上述两种放电类型相比，悬浮放电产生的光辐射更为强烈。通过上述分析，放电光谱中蕴含着大量与放电本征特性相关的信息，除了放电类型外，放电发展的严重程度以及放电能量均可以从其光谱中窥见一斑。

1）光脉冲幅值

本节利用多光谱传感器分别对尖端、沿面以及悬浮三种类型的放电在紫外（UV，251～398 nm）、可见（VIS，300～710）以及近红外（NIR，700～）3 个谱段的放电光脉冲进行检测。如图 5-28 所示为多光谱传感器检测所得的一个工频电压周期内的放电光脉冲序列，依次为尖端放电、沿面放电（强垂直分量）及悬浮放电。在该实验中，尖端放电的外施激励工频电压幅值较高，为 32 kV；沿面放电（强垂直分量）的外施激励工频电压幅值为 8.05 kV；悬浮放电的外施工频电压幅值为 8.51 kV。

从图 5-28 中可以看出：所检测到的紫外、可见及近红外 3 个光波段内的脉冲序列对齐，波形相近，仅在光脉冲幅值上存在差异。在本次实验的条件下，如在尖端放电中，紫外光谱范围内的光脉冲幅值最大，可见范围内的光脉冲幅值次之，近红外范围内的光脉冲幅值极小；同理，在沿面放电的近红外范围内的光脉冲幅值也相对较小；而在悬浮放电中，近红外范围内的光脉冲幅值较前两种放电而言稍大，且紫外范围与可见范围的光脉冲幅值较接近。从实验结果上可以大致得出，多光谱传感器可以对放电进行良好的响应，且不同光谱波段内的检测光脉冲幅值存在差异，具有良好的检测结果。

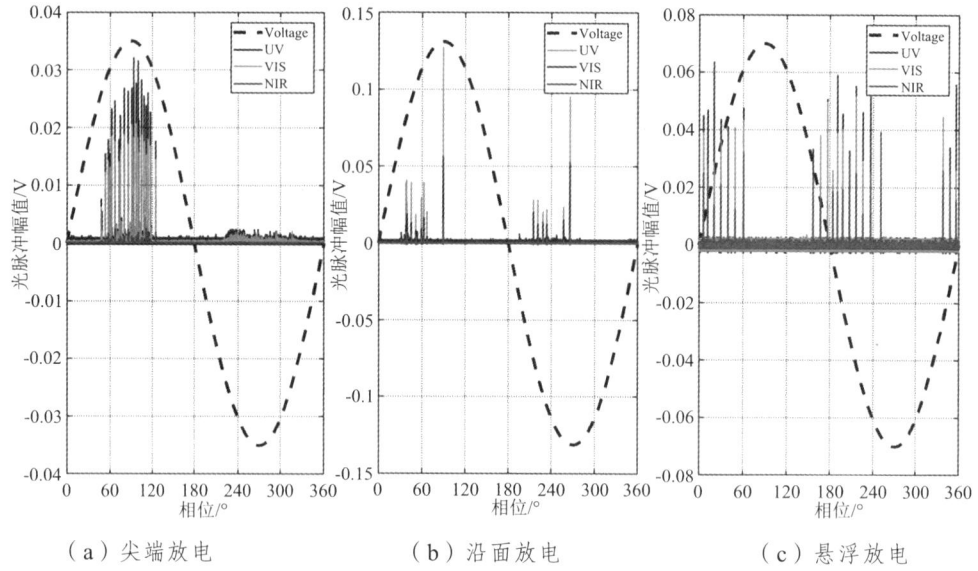

(a) 尖端放电　　　　　　　(b) 沿面放电　　　　　　　(c) 悬浮放电

图 5-28　单个工频电压周期内三种放电光脉冲序列

2）平均光辐射强度

对于一个确定的放电来说，平均放电光辐射强度 LPD(t) 表示的是在参考时间内放电产生的光辐射强度总和，可用式（5-16）表示为：

$$L_{PD}(\varphi) = \frac{1}{T_{ref}}(|L_1| + |L_2| + \cdots + |L_3|) \tag{5-16}$$

式中　T_{ref}——参考时间，即为选择进行计算的时间长度，单位为 s；

$L_{PD}(t)$——光辐射强度，单位为 a.u.。

考虑到在单个周期内的时间与相位的对应关系，即局部放电脉冲的相角和发生瞬时时间，其关系如式（5-17）所示：

$$\varphi_i = 360(t_i / T) \tag{5-17}$$

式中　φ_i——相位角，单位为°；

T——工频电压周期，20 ms；

t_i——在试验电压最近一次朝正向过零时刻与局放脉冲之间的时间间隔。

工频电压的周期为 20 ms，在计算平均放电光辐射强度时，若参考时间段选取较小，远小于一个工频电压周期的时间，此时会得到一个周期内连续的放电光辐射强度曲线。再通过发生时刻与其相位的转化，平均放电光辐射强度可表示为相位的函数，即 $L_{PD}(\varphi)$。本节对三种放电类型的单周期平均光辐射强度进行计算。三种放电下的平均光辐射强度图展示如图 5-29（a）~（c）所示。

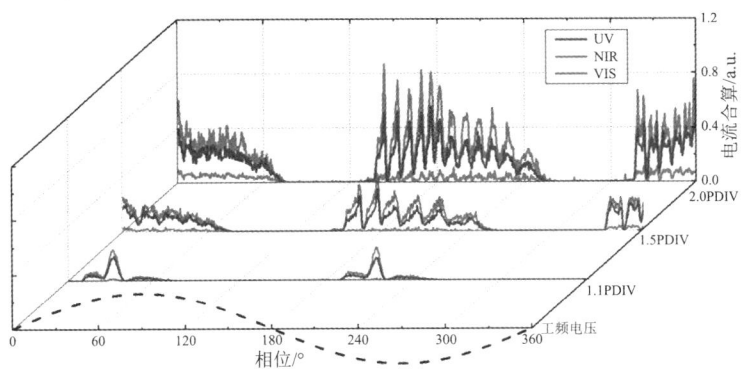

(a) 悬浮放电

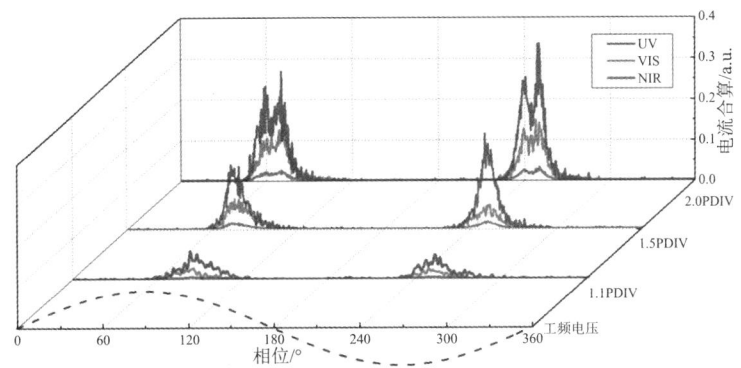

(b) 沿面放电

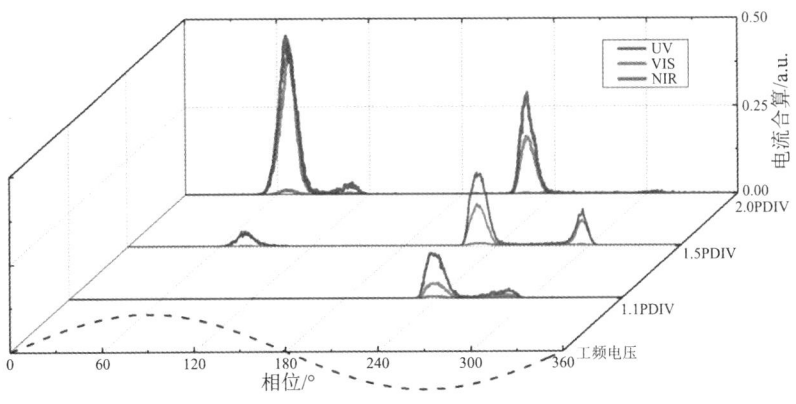

(c) 尖端放电

图 5-29 三种放电平均光辐射强度

4．多光谱放电诊断技术

三元图是重心图的一种，广泛应用于物理化学、岩石学、矿物学等领域。顾名思义，三元图由三种不同的变量构成，绘制在等边三角形状的三元坐标轴中，图中三个变量值的总和为恒定值，需要提前进行归一化。这种方法打破了普通两两比较的分析方法，可将三组两两比较和三组的相对关系展示在同张图中。三元图中每个点具有 x，y，z 三个坐标，且其三个坐标满足总和为 1 的关系。读取图中点坐标的方法为：从要读取的点开始画一条与坐标轴夹角为 60° 的直线，直线与坐标轴的交点值即为所求坐标点在该坐标轴方向上的坐标。如图 5-30 所示为基本三元图形式，O 为图中需要读取坐标的点，OA 为与 UV 坐标轴夹角为 60° 的直线，A 在 UV 轴上位于坐标值 0.25 处。同样可以得到 VIS 与 NIR 坐标轴上的交点坐标分别为 0.5 和 0.25。因此可以得出 O 点坐标[坐标格式（UV，VIS，NIR）]为（0.25，0.5，0.25）。三元图坐标轴基本性质为三角形边平等线上的点，在平行线对应的顶点组所占比例是恒定的以及顶点到底边直线上的点，上面任意点中两底角组相对比例恒定。20 世纪 90 年代中期，米歇尔·杜瓦尔将其引入电气领域，总结为大卫三角形法，这种方法基于三种烃类气体（C_2H_2、CH_4、C_2H_4）对故障类型进行分类和判断。本节利用三元图的分析方法对多光谱中各光谱分量比例进行分析，从物理本质上讲，三元图中不同光谱比例直接反映了放电的驱动机理，从驱动机理入手更容易对放电模式及发展程度进行判断；从统计学意义上讲，在积累大量实验数据的基础上，可以在多光谱三元图内部划分出不同类型放电概率分布区域，为故障诊断提供指导。

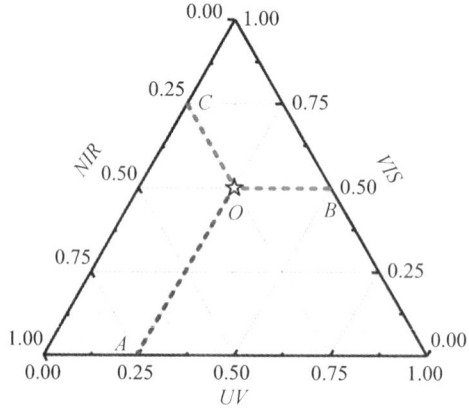

图 5-30 基本三元图形式

光谱三元图绘制方法如图 5-31 所示。

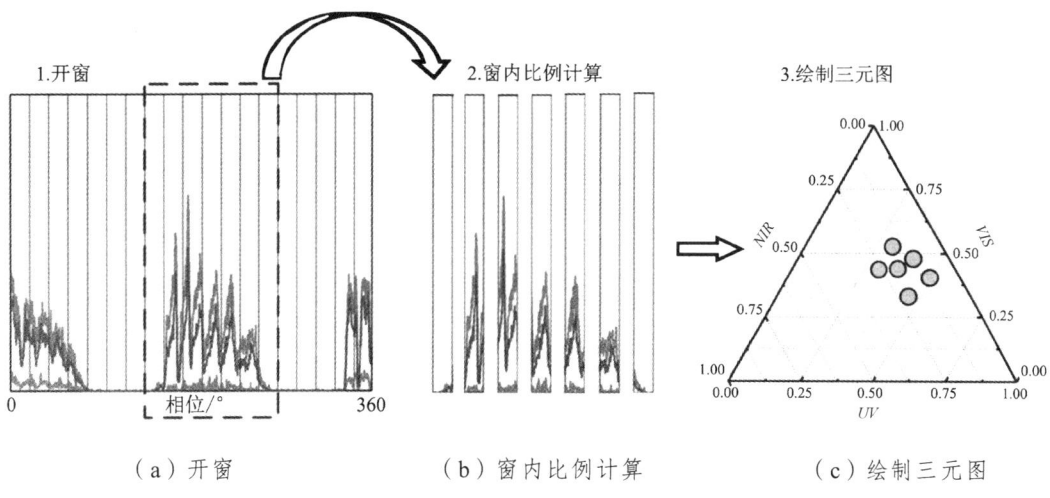

（a）开窗　　　　　　（b）窗内比例计算　　　　（c）绘制三元图

图 5-31　多光谱三元图绘制方法

（1）首先通过开窗的方法，利用放电 PRPD 谱图计算，获取该放电单周期内各个窗内的平均光辐射强度；

（2）接下来对三个波段范围每个窗口内的平均光辐射强度比值进行归一化计算，使三个光谱内的结果比值不变，总和为 1；

（3）最后将归一化结果根据三元图的绘制方法填入大卫三角形中。

根据上述计算的三元图中坐标与直角坐标系中坐标进行一一对应，且对应关系如式（5.18）所示：

$$\begin{cases} x_i = I_{B1,i} \cdot (I_{B1,i} + I_{B2,i} + I_{B3,i})^{-1} \\ y_i = \dfrac{\sqrt{3}}{2} I_{B2,i} \cdot (I_{B1,i} + I_{B2,i} + I_{B3,i})^{-1} \end{cases} \quad (5.18)$$

式中　(x_i, y_i)——对应直角坐标系中坐标；

$I_{B1,i}, I_{B2,i}, I_{B3,i}$——紫外、可见、近红外光谱范围内计算光辐射强度，单位为 a.u.。

这里以 0.3 MPa 的 SF_6 条件下三种放电为例，演示基于三元图的多光谱放电诊断技术，如图 5-32 所示。

5 电力设备新型光谱检测技术

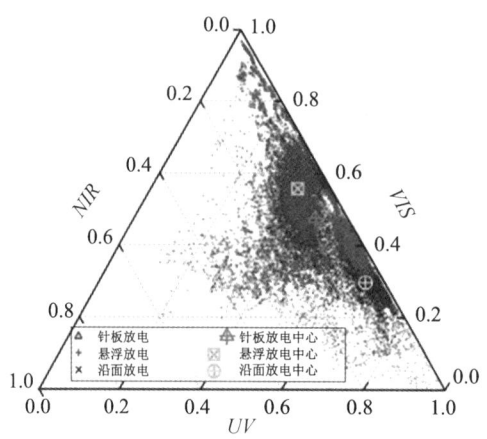

图 5-32 0.3 MPa SF_6 气体中三种缺陷类型局部放电多光谱三元图

5.3.2 多光谱材料分析技术

1. 拉曼光谱

起源于 20 世纪 30 年代的拉曼光谱技术是光谱检测技术之一。在光谱技术的研究领域中,按照所得光谱产生性质的不同可分为发射光谱、吸收光谱与散射光谱,其中拉曼光谱是一种散射光谱。当一束单色光入射试样后有三个去向:一部分被透射,一部分被反射;还有一部分将偏离原来的传播方向,向各个方向辐射,此现象被称为光的散射。其中散射光按光的频率特性划分为两类:一类与入射光频率相同的称为瑞利散射,这种入射光子与物质分子间相互作用时发生弹性碰撞,且不发生能量交换,波长不发生变化;另一类与入射光频率不相同的称为拉曼散射,是入射光子与物质分子发生非弹性碰撞,产生能量的交换。拉曼散射的强度非常弱,只有入射光强度的 $10^{-8} \sim 10^{-6}$ 倍。19 世纪,研究者们主要对光散射进行基础研究,其中以光被小粒子及分子引起的散射以及散射强度为重点。这期间丁达尔效应首先被观测到,瑞利散射定律也被提出。20 世纪后,研究者们纷纷开始对由化学键、准粒子、原子和自由电子等引起的光散射和散射能量进行研究,同时也观测到属于非弹性散射类型(发生能量交换)的拉曼散射与布里渊散射,并将其与隶属于弹性散射类型(不发生能量交换)的瑞利散射进行区分,至此对光散射研究的范围更进一步地被扩展。近 30 年来,拉曼光谱技术随着激光器、全息光栅、光电倍增管、CCD 探测器、计算机和数字计算技术等一系列光谱检测及分析技术的飞速进步,在检测(尤其是微量检测等)领域大放异彩。

国内外有关拉曼光谱检测研究领域的众多实践中,依据外光路系统与检测系统的不同，所研究的拉曼光谱系统可分为滤光片型拉曼光谱检测系统、传统扫描型拉曼光谱检测系统、CCD型拉曼光谱检测系统、傅立叶转换型拉曼光谱检测系统。

滤光片型拉曼光谱检测系统多用于气体分析研究中，既可用于红外惰性气体分析，也可用于CO、CO_2等气体分析。美国ARI公司所研制的激光气体分析仪采用氦-氖激光器将一束低功率激光射入气体检测腔中，通过检测腔体两端的反射镜不断进行反射，将散射功率大大提高。在检测腔中设有八个滤光片，每个滤光片后设置检测器，将光信号转换为电信号供给光谱仪，从而得出相应气体组分浓度值。

传统扫描型拉曼光谱检测系统常采用可见光区激光光源，其检测多采用光电倍增管。CCD型拉曼光谱检测系统采用固定光栅分光和CCD阵列检测器的光路设计，大大提高了检测速度。CCD型拉曼光谱仪的光源多采用785 nm的二极管激光器激发样品，可在一定程度上减弱荧光背景的产生，另外，系统中采用陷波滤波器可消除瑞利散射的影响。傅立叶拉曼光谱检测系统所使用的干涉仪与傅立叶红外光谱检测系统结构相似，只是将分束器改为CaF_2分束器或石英分束器，以便红外光透过。傅里叶拉曼光谱检测系统常采用Ne-He激光器，检测器采用Ge或InGaAs检测器，在液氮中，Ge检测器检测范围在高波数区可达3 400 cm^{-1}拉曼位移，InGaAs检测器在室温下高波数区可达3 600 cm^{-1}拉曼位移。

另外，在检测系统的整体组成中，还包含相应的测量附件，如：样品池、光纤探头等。在拉曼光谱检测的国内外研究中，该组成部分也得到了较大程度的发展。

在可见光或近红外光区，拉曼光谱仪样品池常用玻璃或石英材料制成。气体或液体样品池多采用核磁共振（NMR）样品管进行测量。对于微量样品的测定（如微量气体），可用毛细管样品池。为提高收集效率可用底部为球形的玻璃管，即球形池，球形池的一侧相应金属，以提高反射效率。光纤探头常用180°背散射采集方式，为有效收集拉曼散射光，拉曼光纤探头通常采用一束收集光纤，其末端通常排成一列，便于与色散光谱仪的入射狭缝耦合。光纤内经常采用100 μm。

拉曼效应可用能级图表达，如图5-33所示。E_1为振动激发态，E_2为基态能级，能量差$\Delta E = E_1 - E_2$。如前面所述，图5-33（b）中Ⅰ所示为瑞丽散射，能量不发生交换；Ⅱ所示为斯托克斯拉曼散射，散射光的频率增加，能量发生交换；Ⅲ所示为反斯托克斯拉曼散射，能量也发生交换，散射光的频率减少。

通过能量差变化量的拉曼散射光反映出被测分子的内部结构信息，并与拉曼特征峰强度建立定性定量的分析方法。对于电力行业，主要是变压器设备中的材料变压器油应用了拉曼光谱分析技术。油中溶解气体分析常见的方法为：气相色谱法、质谱法、传感器阵列法、傅立叶红外光谱法、光声光谱法等。但上述 DGA 检测方法都有其使用限制及缺点,在变压器实际运行环境应用时会引入若干问题,如气相色谱法是在长期使用之后,色谱柱的老化将导致色谱仪性能退化,不利于长期检测;质谱法虽具有高效准确的特点,但需结合色谱柱才能实现混合气体的有效检测;传感器阵列法虽具有灵敏度高的优点,但存在混合气体交叉敏感问题且易老化、稳定性不高,其检测准确度有待提高。

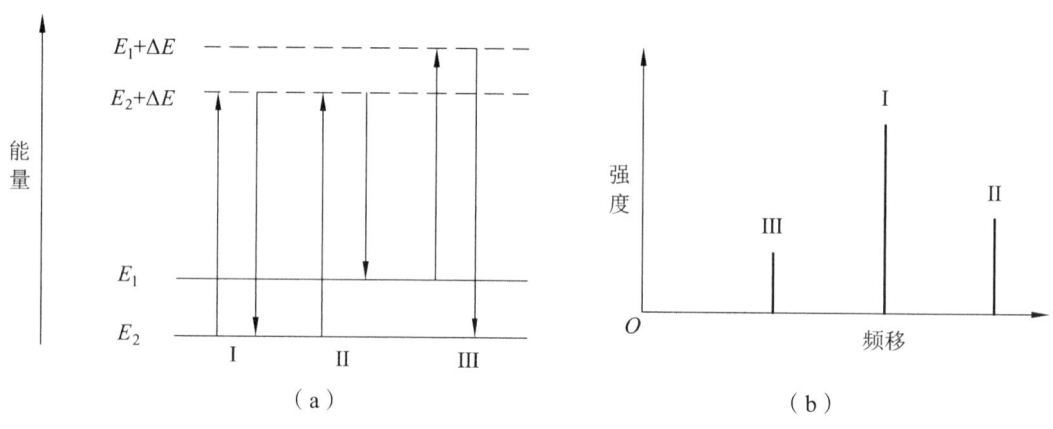

图 5-33 散射过程能级示意图

拉曼光谱检测技术使用单一频率的激光对混合气体进行非接触、无损伤的检测,可对七种故障特征气体实现定性和定量的分析,是对克服传统 DGA 技术常见的精度差、灵敏度低、运行维护成本高等缺陷的一种积极探索。与传统的变压器油中溶解气体成分与含量检测方法相比较,拉曼光谱分析技术具有以下优点:

(1) 仅用单一频率的激光即可测得多种特征气体的拉曼光谱,在光谱检测时对多种成分的气体无须预先进行分离,可减少不同气体成分分离造成的误差。

(2) 仅采用一套检测装置即可完成高精度检测,减少了因设备不同而引入的误差(气相色谱分析中是多检测器的检测方式)。

(3) 定量检测的重复性高。

(4) 非接触式的无损检测,且成像快速、分辨率高。

尽管拉曼光谱检测技术在电气设备检测领域具有十分明显的应用优势,但同时利用拉曼光谱检测气体成分或结构的研究尚处于起步阶段,在变压器油中溶解气体检测中拉曼检测法需要解决因气体分子拉曼散射截面积小而造成的接收信号弱、系统灵敏度不高等问题。正常情况下,拉曼散射的强度仅仅为入射光强度的 $10^{-6} \sim 10^{-8}$ 倍,加上气体分子拉曼散射截面积小，拉曼散射强度会更低，因此极易受到噪声信号或其他信号的干扰。所以拉曼光谱应用于气体检测研究领域还需拉曼增强技术、定量分析技术等作为技术支撑。不可否认的是，它具有广阔的发展空间以及深远的研究意义。研究者们在前期各故障特征气体拉曼光谱仿真模拟及检测分析研究中发现：受限的最小检测浓度、检测准确度是该技术广泛应用于微量气体检测分析的瓶颈。

2．紫外荧光光谱

根据 Stokes（斯托克斯）光致发光理论，气体分子在激发光的照射下，会激发跃迁至激发态，而处于激发态的气体分子极不稳定，将通过释放能量的方式重新回到基态；释放能量的方式有多种，其中一种即为发出荧光。比尔朗伯定律表明，在低浓度情况下，气体分子的浓度与其荧光强度呈线性关系，因此，通过检测气体分子在激发光照射下发出的荧光强度，可以推导气体的浓度，从而实现气体的高精度定量检测。荧光的产生有一个必需条件，即激发光的波长范围需与气体分子的吸收光谱刚好重合。

1）机　理

分子的运动对应于电子能级、振动能级和转动能级三种能级，电子能级对应电子相对于原子核的运动，振动能级对应原子核在其平衡位置附近的振动，转动能级对应分子本身绕其重心的转动。每个分子都具有一系列量子化的电子能级（分别用下标 0、1、2…表示），每一电子能级上均存在振动能级和转动能级。分子中电子的运动状态除了能级外，还有能态，由电子的自旋方向决定，若分子中所有成对的电子自旋方向都相反，即自旋配对，则该分子处于单重态（或叫单线），用 S 表示，大多数的分子基态都处于单重态，即 S_0；若分子在吸收能量、发生能级跃迁的过程中，伴随了自旋向的变化，出现了成对平行旋转的电子，则该分子处于三重态（或叫三线），用 T 表示。用荧光寿命表示分子停留在激发态的时间，其中，速度最快、激发态寿命最短的途径占优势，激发单重态的寿命为 10^{-8} s，而激发三重态的寿命为 $10^{-4} \sim 1$ s，故单重态属于允许跃迁，进入的几率大，三重态属于禁阻跃迁，进入的几率小。

分子从外界吸收能量后，就可能引起分子能级的跃迁，即从基态跃迁至激发态，电子跃迁的同时，总伴随着振动和转动能级间的跃迁，故电子光谱中总包含有振动能级和转动能级间跃迁，因而产生的谱线呈现宽谱带，包含若干谱带系，如图 5-34 所示。处于激发态的电子并不稳定，将通过释放能量的方式返回基态，其中能量传递方式分为辐射传递和无辐射传递，同理，激发态停留时间短、返回速度快的途径，发生的概率大、强度也大。辐射传递过程又称光致发光过程，包括荧光及磷光过程，其中，从单线第一激发态 S_1 的最低振动能级回到基态 S_0 的过程会释放荧光，时间为 $10^{-7} \sim 10^{-9}$ s；从三线第一激发态 S_1 的最低振动能级回到基态 S_0 的过程会释放磷光，时间为 $10^{-4} \sim 10$ s。

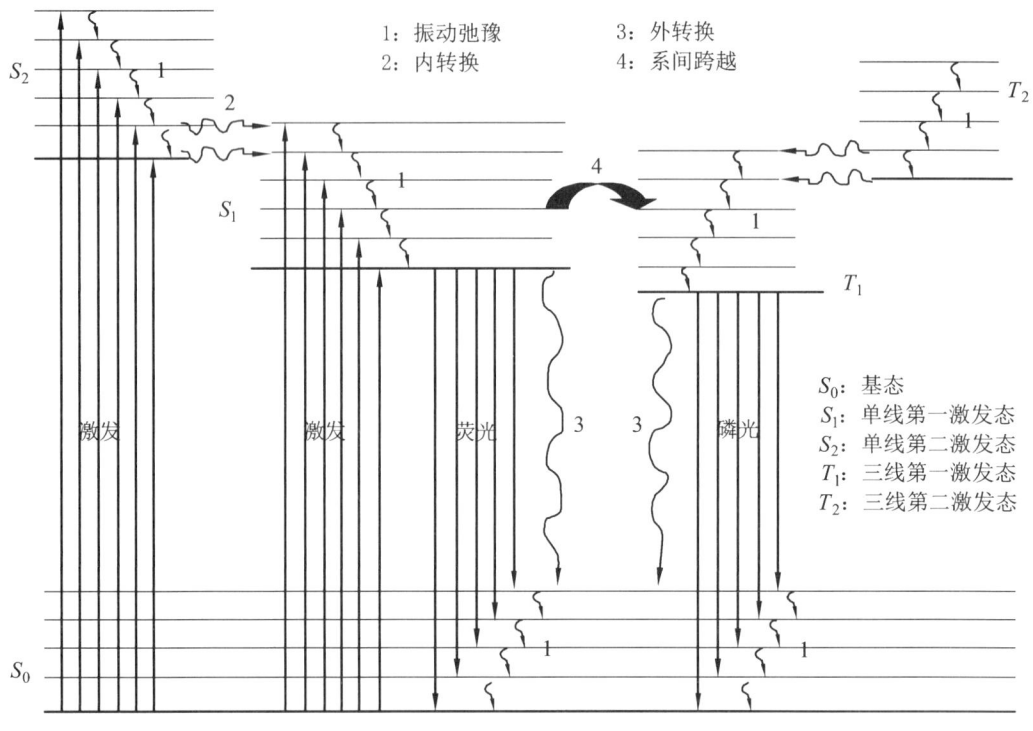

图 5-34 分子的激发与去激发过程示意图

2）应　用

紫外荧光法直接探测气体分子受激后释放的荧光信号，该方法的主要检测对象为 SO_2 气体，检测灵敏度高，响应迅速，检测极限可至 NL/L 级别，目前已在大气、烟气监测领域得到成熟的运用，但有关 SF_6 气体背景下的研究尚未有相关报道。相对其它组分的光学检测手段，紫外荧光法的优势在于其具有更高的检测灵敏度和更强的抗干扰能力，易于实现，经济性高；其不足之处在于所能检测的组分类型较少，主要针对 SO_2 气体。

大量研究表明，SO_2 可作为反应 PD 和 POF 是否存在的特征产物，其含量随着 PD 及 POF 严重程度的加深而增加，2013 年，国家电网颁布了企业标准《SF_6 气体分解产物检测技术现场应用导则》（Q/GWD1896—2013），导则指出：当 SO_2 含量不超过 1 μL/L 时，检测指标为正常值，评价结果为正常；当 SO_2 含量介于 1~5 μL/L 时，检测指标为注意值，需要缩短检测周期；当 SO_2 含量介于 5~10 μL/L 时，检测指标为警示值，需要跟踪检测，综合诊断；当 SO_2 超过 10 μL/L 时，检测指标为警示值，需要综合诊断。以上研究成果和应用导则说明，SO_2 气体足以作为 SF_6 气体绝缘电气设备绝缘状态的判断依据，这弥补了紫外荧光法检测组分较少的不足，同时检测成分单一具有避免多组分交叉干扰的优势，这为将紫外荧光法运用于 SF_6 气体绝缘电气设备在线监测提供了可行性基础。

结合导则给出的检测指标和评价标准，提高 SF_6 特征分解、组分 SO_2 的检测灵敏度、稳定性，成为运用紫外荧光技术实现 SF_6 气体绝缘电气设备在线监测的突破关键。

PART SIX

图像信息处理及故障诊断

6.1 图像预处理技术

图像预处理是指对图像进行去噪（image denoising）和增强（image enhancement）等处理，以减少图像中的噪声和杂波，提高图像中目标与背景的对比度。在工业系统中，在线监测系统通过摄像头、视频监控等手段得到的图像，最终通过通信网络输入计算机中进行下一步处理。但由于传输或硬件设备本身的限制，其中定会产生若干随机噪声以及畸变。噪声变形对于后期数据的处理识别会造成比例失真，严重影响处理效果及识别率。为了降低图像在收集过程中的损失，必须通过一定的方法进行处理，以提高图像质量。这就需要通过预处理去除噪声增强图像细节。

1. 均值滤波算法

均值滤波又称邻域平均法，它是一种非常简单的空域滤波方法。均值滤波的主要目的是去除图像中的噪声信号。均值滤波的主要原理为用某个像素周围多个像素的灰度均值取代该像素的灰度值。其中，周围像素的选择有两种方式：一种方式是以单位距离 Δx 构成的四邻域，另一种方式是以 $\sqrt{2}$ 个单位距离 r 为半径构成的八邻域。

四邻域和八邻域的示意图如图 6-1 所示。

经邻域平滑的图像为：

$$\hat{g} = \frac{1}{M}\sum_{(i,j)\in S} g(i,j) = \frac{1}{M}\sum_{(i,j)\in S} f(i,j) + \frac{1}{M}\sum_{(i,j)\in S} n(i,j) \tag{6-1}$$

其中，S 为 (i,j) 点的邻域，M 为 (i,j) 邻域中的像素总个数。上式的前后 2 项分别为对无噪图像和有噪图像经过均值滤波处理后的结果。

根据统计分析，第二项的噪声的方差为：

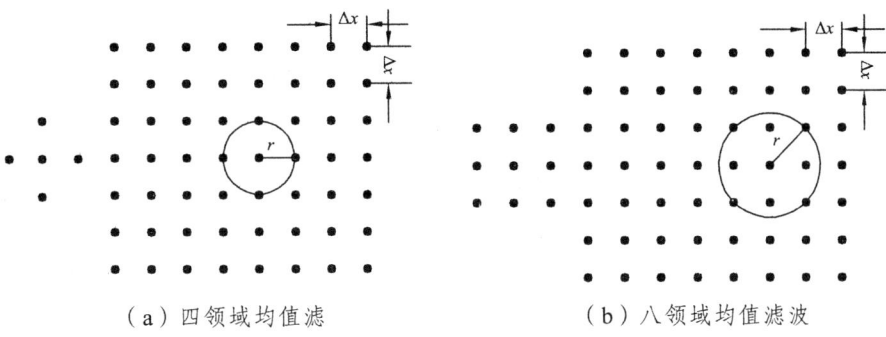

(a)四领域均值滤   （b)八领域均值滤波

图 6-1 四邻域和八邻域均值滤波

$$D\left(\frac{1}{M}\sum_{(i,j)\in S}n(i,j)\right)=\frac{1}{M^2}\sum_{(i,j)\in S}D(n(i,j))=\frac{1}{M}\sigma^2 \qquad (6-2)$$

式中，D 指的是求噪声方差运算，σ^2 指的是进行邻域平滑操作前原图像噪声的方差。邻域平滑操作能够大幅度减小原始图像所存在噪声的方差，故能够平滑图像。

2．直方图增强

直方图是图像色彩统计特征的抽象表述，是图像处理中的一种重要统计特征。直方图在数学上与图像灰度密度函数的十分近似，但在细节方面并不完全相同。直方图通过灰度分布特征间接地反映图像中的内容分布。例如图像在灰度方面的分布、图片总体上的明暗对比。通过这些信息可以为图像的预处理获取有用的信息。

在实际图片采集时，由于现场光线不足或者光线过强，图片对比度相对较小，图像的所有灰度集中在某一个区段，使图像的中心并不突出，整体较为暗淡。由于图像中像素值的灰度偏低，整体比较暗，灰度直方图中低灰度比较高，而在高灰度值区域灰度值非常低甚至为零，同样，在过度曝光的图片中灰度主要集中在高灰度值区域，而低灰度值区域非常低甚至为零，这样使得图像中的众多细节特征丢失，给识别工作带来了较大的困难。为了使图像清晰且能够尽可能地突出重点，可通过直方图修改的方式进行，实践证明直方图修改是一种切实有效的方法。

在一幅正常的自然图片中，其低值灰度区间频率较大，可以看出，低灰度值区域基本为零，此时图像中较暗区域基本无法得到很好的显现，可以通过直方图拉伸的方法将图像中灰度的间距拉开，以平均分配的方式拉长灰度区间，可得到一个较好的处理效果。

在数字化图像中，以 X，Y 分别代表图像处理后灰度及直方图处理的灰度，则直方图均衡化的过程可以为：

$$Y = T[X] = \int_0^T P_X(\omega)\mathrm{d}\omega \qquad (6-3)$$

其中，$P_X(X)$ 为将原图像的直方图信息，$P_Y(Y)$ 为改变成均匀分布后的直方图。

直方图变换可以分为两种：其一为直方图拉伸，在直方图拉伸中可以按照对比度直接增强或间接增强，直方图拉伸通过将直方图中的灰度值按照比例对灰度间隔进行扩大，直方图拉伸可以明显地增大背景与前景的对比度；其二为直方图均衡化，直方图均衡化是指通过一个非线性函数对图像的灰度进行不规则拉伸，使得全部灰度分布均匀，增强了图像整体的对比效果，而非前景与背景。

3．图像锐化

高通滤波法以及空域微分法是两种常应用于图像处理的方法，高通滤波法一般用于图像边缘部分与频谱对应的高频分量对应时，采用此方法让高阻导通，增强图像细节实现锐化功能，而空域微分法，数学计算较多，首先采用一阶微分法对图像进行处理，对每个像素都进行梯度的模计算，得到梯度的模值，这个模值称为边界提取算子，经过处理后的图像可表示成数字形式 $f(x,y)$，$f(x,y)$ 在点 (x,y) 处的梯度 $G[f(x,y)]$ 可以定义为一个二维列矢量，如下所示：

$$G[f(x,y)] = \left[\frac{\partial f}{\partial x} \quad \frac{\partial f}{\partial y} \right]^T \tag{6-4}$$

对于 $G[f(x,y)]$ 的表达式平方求和再开方，取其模值为：

$$|G[f(x,y)]| = \left[\left(\frac{\partial f}{\partial x}\right)^2 + \left(\frac{\partial f}{\partial y}\right)^2 \right]^{\frac{1}{2}} \tag{6-5}$$

当计算得到的数字化图像 $f(x,y)$ 的梯度在 θ 角度上拥有最大变化率时，这个最大变化角可表示为：

$$\theta = \arctan\left(\frac{\frac{\partial f}{\partial y}}{\frac{\partial f}{\partial x}} \right) \tag{6-6}$$

同样，对于离散系统的数字图像也具有类似的表达公式，数字图像函数 $f(x,y)$ 也有相应的概念和公式，在数字图像中一般用差分代替微分，计算梯度方面，一般采用一阶向后差分或一阶前向差分进行，两种计算方式可表示为：

$$\nabla_x f(i,j) = f(i,j) - f(i-1,j)$$
$$\nabla_y f(i,j) = f(i,j) - f(i,j-1)$$
(6-7)

定义梯度 $G[f(i,j)] \triangleq [\nabla_x f(i,j) \nabla_y f(i,j)]^T$。在实际应用时，梯度还有相当多近似的表达形式，在对待处理图像进行梯度计算时，可以发现如下的规律：梯度值较大的区域往往出现在灰度变化明显的区域，而这些区域一般出现在图像的边缘，反之亦然，当图像基本不变的区域，其梯度值基本为零。根据这个规律，利用返回梯度值并设定阈值，间接得到像素的灰度值，这种处理可使图像得到清晰的边界信息，以达到锐化图像的目的。这种处理的关键在于突出模糊的边界信息，应重视边缘信息的加强，当梯度超过阈值时，应将灰度设置为零，反之则设置为最大，具体操作方面有以下三种：

（1）阈值判断：得到像素点的梯度后，与阈值进行判断，大于阈值则加特定值，灰度的上限不得超过255；

（2）设特定值而非阈值判断：类似于二值判断，当像素点的梯度大于阈值时，直接设定为特定值；

（3）二值化图像：当像素点的梯度值大于阈值时，直接设定 RGB 分量为 255，相反时设置为 0。

根据图像边界的具体状况及清晰程度的不同，具体使用的一阶微分法的锐化方法不同，当图像边缘信息丢失时，采用单一方向进行微分锐化，当使用一阶无方向锐化方法时，一般针对 x、y 两个方向分别进行。

4．图像模糊恢复

1）维纳滤波算法

该算法具备显著的约束性，基于该算法的恢复模型具体可以表述为：

$$\hat{F}(u,v) = \left[\frac{1}{H(u,v)} \times \frac{|H(u,v)|^2}{|H(u,v)|^2 + \gamma \left[\frac{S_n(u,v)}{S_f(u,v)} \right]} \right] G(u,v)$$
(6-8)

其中，$S_n(u,v)$ 为噪声功率谱，$S_f(u,v)$ 为信号功率谱，γ 为系数。接下来讨论上式的几种情况：若无噪声影响时，即 $S_n(u,v)=0$，维纳滤波器退化为理想滤波器，即不存在噪声影响的逆滤波器；若 $\gamma=1$，上式方括号内的项即为维纳滤波器；若 γ 为一个变量，则式中方括号内的项则被定义为存在参数的维纳滤波器。

如 $S_n(u,v)$ 与 $S_f(u,v)$ 属于未知信息时，在实际操作中，这种现象也较为普遍。

式（6-8）可近似为下式：

$$\hat{F}(u,v) = \left[\frac{1}{H(u,v)} \times \frac{|H(u,v)|^2}{|H(u,v)|^2 + K} \right] G(u,v) \quad (6-9)$$

其中，K 用于表示噪声功率谱和信号功率谱的比值，该比值为一个预先设定的常数，式（6-9）即为实际应用中的公式。

2）Richardson-Lucy 算法

RL 算法从最大似然公式中引出，直接以 Bayes 统计理论为基础发展而来，以泊松噪声统计标准作为该算法实现依据，求解并明确 PSF 卷积，其获得图像结果，属于原始图像的概率最大。其迭代方程为：

$$f(x,y)^{k+1} = f(x,y)^k \left[h(-x,-y) \times \frac{g(x,y)}{f(x,y)^k \times h(x,y)} \right] \quad (6-10)$$

其中，$f(x,y)^k$ 是以原清晰图像为对象所产生的第 k 次迭代结果；第 $(k+1)$ 次迭代结果则具体表述为 $f(x,y)^{k+1}$；系统 PSF 具体设定为 $h(x,y)$；退化图像由 $g(x,y)$ 来表示。初始条件具体设定为：$f(x,y)^0 = g(x,y)$。开始进行迭代，若图像中不含噪声，将如下式所示：

$$f(x,y)^{k+1} = f(x,y)^k \left[h(-x,-y) \times \frac{f(x,y) \times h(x,y)}{f(x,y)^k \times h(x,y)} \right] \quad (6-11)$$

随着 k 的增大，$f(x,y)^{k+1}$ 以概率值为基准并收敛于 $f(x,y)$，基于此可以获得清晰图像，如图像本身存在有噪声，则如下式所示：

$$f(x,y)^{k+1} = f(x,y)^k \left[h(-x,-y) \times \frac{f(x,y) \times h(x,y) + n(x,y)}{f(x,y)^k \times h(x,y)} \right] \quad (6-12)$$

6.2 图像信息提取技术

特征提取是模式识别研究的基本问题之一。对于图像识别而言，提取有效的图像特征是完成图像识别的首要任务。在电力设备图像的识别和检索中,由于设备本身的复杂性,使得特征的有效提取一直是个亟待解决的问题。例如变压器、电容器、电抗器、刀闸开关和各种表盘作为电力系统中广泛使用的设备,其特征各不相同,即使同一类设备,它们的颜色形状和结构也千差万别。更重要的是这些设备大多在室外,背景物体的存在对特征的提取有一定程度上影响,因此,基于颜色、纹理、形状、内容的特征提取已无法满足设备图像检索(尤其是图像分类)的需要。

点特征又称为兴趣点,是指图像中具有特殊性质的像素点,也是图像的重要特征。它具有旋转不变性和不随光照条件变化的特点。一些图像处理中利用点特征进行处理,既可以减少计算量,又不会损失重要的灰度信息。在图像匹配中点特征也有很重要的应用,利用点特征可以大大提高匹配速度。

1. 边缘检测

图像的边缘虽然范围较小,往往包括着重要的信息。在图像识别技术中,图像边缘的检测尤为重要,广泛运用于图像的配准、分类以及识别中。在一般图像中,图像亮度变化最为显著的部分被认为是图像的边缘,区别于图像通常意义上的物理边缘。通常在图像的边缘灰度不会越级分布,不会从一个灰度级别跳跃到另一个灰度级别,而在实际图像检测中变化较快而呈现斜坡状。通常边缘产生于目标、背景以及不同区域之间,因此,可以利用图像的这些特点进行边缘检测,同时图像边缘检测技术也是图像分割、形状特征提取等后续工作的基础。

边缘图像由于其在图像中的特殊位置,往往能够体现图像的某些重要特征,物体的形状结构、外部的环境光照和物体的表面对光线反射,造成图像边缘部分的灰度级别及颜色剧烈变化。在这些边缘像素中通常蕴含着识别的重要信息,往往能够直接反映物体的轮廓及外部拓扑连接结构。图像边缘检测技术在工业生产中应用广泛,在工业监测图像分割运动监测以及模式识别等方面都有应用,对图像边缘信息的有效提取,直接影响了在线监测以及识别的效果。以下简要介绍边缘检测中常用的算子:

图像边缘一般锐利程度较高,可以通过计算图像的梯度展现这一特征。

梯度是一个可以反映灰度变化情况的量,通过图像一阶导数的局部峰值,即可展现出图像的边缘信息。

梯度是一阶导数的二维等效式,对于图像 $f(x,y)$,在 (x,y) 处的梯度为一矢量。其表达形式为:

$$G(x,y) = [G_x G_y] = [\partial f/\partial x \; \partial f/\partial y] \tag{6-13}$$

在实际的图像处理中通常使用梯度的幅值,并对其进行近似处理,其最终的表达式如下:

$$G(x,y) = \max(|G_x|, |G_y|) \quad (6\text{-}14)$$

其中梯度的方向可以用 G_x 与 G_y 的反三角函数求得。

2．SIFT 算法

David G.Lowe 在 2004 年总结了现有的多种特征检测方法，正式提出了一种基于尺度空间下可在二维图像空间和尺度空间同时提取极值特征的有效算法，对图像缩放、旋转、平移、亮度变化甚至仿射变换保持不变性的图像局部特征描述算子——SIFT 算子，其全称是 Scale Invariant Feature Transform，即尺度不变特征变换。算法流程如下：

1）建立高斯金字塔

高斯卷积核是实现尺度变换的唯一变换核。一幅二维图像，在不同尺度下的尺度空间的表示 $L(x,y,\sigma)$ 可由图像（x,y）与高斯核卷积得到，如下：

$$L(x,y,\sigma) = G(x,y,\sigma) \times I(x,y) \quad (6\text{-}15)$$

其中，L 表示尺度空间，（x, y）表示图像 I 上的点，σ 是尺度因子，其值越小则表征该图像平滑的程度越大。大尺度对应于图像的概貌特征，小尺度对应于图像的细节特征。因此选择合适的尺度因子平滑是建立尺度空间的关键。高斯金字塔有 o 阶，一般选择四阶，每一阶有 S 层尺度图像，S 一般选择 5 层，在同一阶中，相邻两层的尺度因子比例系数是 k（这里取 $k = \sqrt{2}$），第二阶的第一层由第一阶的中间层尺度图像进行子抽样获得，其尺度因子是 $k^2\sigma$，然后第二阶的第二层的尺度因子是第一层的 k 倍，即 $k^3\sigma$，第三阶的第一层由第二阶的中间层尺度图像进行抽样获得。其他阶的构成依此类推。

2）建立高斯差分 DoG 金字塔

DoG（Difference-of-Gaussian）高斯差分金字塔即相邻两尺度空间函数之差，DoG 金字塔通过高斯金字塔中相邻尺度空间函数相减即可，所以，由高斯金字塔可知 DoG 金字塔是一个四阶四层的结构。

$$D(x,y,\sigma) = (G(x,y,k\sigma) - G(x,y,\sigma)) \times I(x,y) = L(x,y,k\sigma) - L(x,y,\sigma) \quad (6\text{-}16)$$

k 可视为两层相近的尺度之间的比例。DoG 金字塔将高斯金字塔中相邻尺度空间函数相减即可。

3）DoG 空间的极值检测

在上面建立的 DoG 尺度空间金字塔中，DoG 函数中的极值点和尺度是无关的，SIFT 正是利用这一特点，为了检测到 DoG 空间的最大值和最小值，DoG 尺度空间中间层（最底层和最顶层除外）的每个像素点需要跟同一层的相邻 8 个像素点，以及它上一层和下一层的 9 个相邻像素点总共 26 个相邻像素点进行比较，以确保在尺度空间和二维图像空间均可检测到局部极值。

4）精确定位特征点位置

由于 DoG 值对噪声和边缘较敏感，因此，在上面 DoG 尺度空间中检测到局部极值点，还要经过进一步的检验才能精确定位为特征点。下面对局部极值点进行三维二次函数拟和，以精确确定特征点的位置和尺度，尺度空间函数 $D(x,y,\sigma)$ 在局部极值点 (x_0,y_0,σ) 处的泰勒展开式如下所示：

$$D(x,y,\sigma) = D(x_0,y_0,\sigma_0) + \frac{\partial \boldsymbol{D}^{\mathrm{T}}}{\partial \boldsymbol{X}} \boldsymbol{X} + \frac{1}{2} \boldsymbol{X}^{\mathrm{T}} \frac{\partial^2 \boldsymbol{D}}{\partial \boldsymbol{X}^2} \boldsymbol{X} \qquad (6\text{-}17)$$

上式中的一阶和二阶导数通过附近区域的差分近似求出，列出其中的几个，其他的二阶导数以此类推。通过对上式求导，并令其为 0，得出精确的极值位置 X，如下式所示：

$$X_{\max} = -\left(\frac{\partial^2 \boldsymbol{D}}{\partial \boldsymbol{X}^2}\right)^{-1} \times \frac{\partial \boldsymbol{D}}{\partial \boldsymbol{X}} \qquad (6\text{-}18)$$

在以上精确确定的特征点中，同时要去除低对比度的特征点和不稳定的边缘相应点，以增强匹配稳定性，提高抗噪声能力。将公式（6-17）代到公式（6-18）中，只要前两项，得：

$$D(X_{\max}) = \boldsymbol{D} + \frac{1}{2}\frac{\partial \boldsymbol{D}^{\mathrm{T}}}{\partial \boldsymbol{X}} \qquad (6\text{-}19)$$

通过上式计算出 $D(X_{\max})$，若 $|D(X_{\max})| \geq 0.03$，则该特征点保留下来，否则丢弃。去除不稳定的边缘响应点：海森矩阵如下式所示，其中的偏导数是上述内容确定的特征点处的偏导数。它也是通过附近区域的差分近似估计得到：

$$\boldsymbol{H} = \begin{bmatrix} D_{xx} & D_{xy} \\ D_{xy} & D_{yy} \end{bmatrix} \qquad (6\text{-}20)$$

通过 2×2 的海森矩阵 $\boldsymbol{H}$ 来计算主曲率，由于 $\boldsymbol{D}$ 的主曲率与 $\boldsymbol{H}$ 矩阵的特征值成比例，在此，不具体求特征值，求其比例 $ratio$。设 α 是最大幅值特征，β 是次小的，$\gamma = \alpha/\beta$，则 $ratio$ 如公式（6-23）所示。

$$T_r(\boldsymbol{H}) = D_{xx} + D_{yy} = \alpha + \beta \qquad (6\text{-}21)$$

$$Det(\boldsymbol{H}) = D_{xx}D_{yy} - (D_{xy})^2 = \alpha\beta \tag{6-22}$$

$$ratio = \frac{T_r(\boldsymbol{H})^2}{Det(\boldsymbol{H})} = \frac{(\alpha+\beta)^2}{\alpha\beta} = \frac{(\gamma+1)^2}{\gamma} \tag{6-23}$$

通过上式求出 $ratio$，常取 $r = 10$，若 $ratio \leqslant (\gamma+1)^2/\gamma$，则保留该特征点，否则丢弃。

5）确定特征点主方向

利用特征点邻域像素的梯度方向分布特性，为每个特征点指定方向参数，使算子具备旋转不变性。

$$m(x,y) = \sqrt{(L(x+1,y)-L(x-1,y))^2 + (L(x,y+1)-L(x,y-1))^2} \tag{6-24}$$

$$\theta(x,y) = \arctan((L(x,y+1)-L(x,y-1))/(L(x+1,y)-L(x-1,y))) \tag{6-25}$$

上述两式分别为 (x,y) 处的梯度值和方向。L 为所用的尺度为每个特征点各自所在的尺度，(x,y) 是要确定具体在哪一阶的哪一层。

6）生成 SIFT 特征点描述符

以特征点为中心取 8×8 的窗口，箭头方向表示像素梯度方向，长度代表梯度模值，圈内代表高斯加权的范围（越靠近特征点的像素，梯度方向信息贡献越大）。在每 4×4 的图像小块上计算 8 个方向的梯度方向直方图，绘制每个梯度方向的累加值，形成一个种子点。一个特征由 2×2 共 4 个种子点组成，每个种子点有 8 个方向向量信息，可产生 2×2×8 共 32 个数据，形成 32 维的 SIFT 特征向量，即特征点描述器，所需的图像数据块为 8×8。这种邻域方向性信息联合的思想增强了算法抗噪声的能力，同时对于含有定位误差的特征匹配也提供了较好的容错性。在实际计算过程中，为了增强匹配的稳健性，对每个特征点使用 4×4 共 16 个种子点进行描述，每个种子点有 8 个方向向量信息，这样对于一个特征点即可产生 4×4×8 共 128 个数据，最终形成 128 维的 SIFT 特征向量。

此时 SIFT 特征向量已去除了尺度变化、旋转等几何变形因素的影响，再继续将特征向量的长度归一化，则可以进一步去除光照变化的影响。这种邻域方向性信息联合的思想增强了算法抗噪声的能力，同时对于含有定位误差的特征匹配也提供了较好的容错性。

3. ITTI 视觉显著性模型

ITTI 视觉显著性模型由五个步骤构成：

（1）金字塔分解与特征提取；
（2）生成特征图；
（3）生成特征显著图；
（4）生成综合显著图；
（5）注视区域的产生。

对于输入的图像，ITTI 先使用线性滤波器将图像分解为多个特征通道，并提取颜色亮度和方向等特征；然后使用高斯金字塔对不同特征进行多尺度采样，并采用中央周边差（center surround difference）运算获得初级特征图；接着采用特征合并策略将不同维度的多幅特征图合并得到显著图；最后根据得到的显著图定位待注意目标，完成对目标的关注，同时采用禁止返回机制，使注意力不返回已关注的区域。具体实现如下：

1）特征提取与尺度选择

设 r, g, b 为输入图像的红绿蓝 3 个颜色通道，则亮度特征可由下式计算：

$$I = \frac{r+g+b}{3} \tag{6-26}$$

四个宽调谐的颜色通道 R、G、B 和 Y 由如下公式计算：

$$R = r - \frac{g+b}{2} \tag{6-27}$$

$$G = g - \frac{r+b}{2} \tag{6-28}$$

$$B = b - \frac{r+g}{2} \tag{6-29}$$

$$Y = \frac{r+g}{2} - \frac{|r-g|}{2} - b \tag{6-30}$$

方向特征为 Gabor 小波在 $0 = \{0°, 45°, 90°, 135°\}$ 4 个方向的分量。

使用高斯金字塔对 I, R, G, B 以及 Y 采用逐层低通滤波和下采样操作，使每个通道产生 9 个尺度的金字塔。

2）显著性度量与显著图生成

对所得到的亮度和颜色特征，通过计算中央精细尺度 c 和周围粗糙尺度 s 间的中央周边差可以获得各个特征的关注图。

首先，计算亮度特征图 $I(c,s)$，两个颜色特征图 $RG(c,s)$、$BY(c,s)$，一个方向关注图 $O(c,s,\theta)$，计算公式依次如下：

$$I(c,s) = |I(c)\Theta I(s)| \tag{6-31}$$

$$RG(c,s) = ||R(c)-G(c)|\Theta|G(s)-R(s)|| \tag{6-32}$$

$$BY(c,s) = ||B(c)-Y(c)|\Theta|B(s)-Y(s)|| \tag{6-33}$$

$$O(c,s) = |O(c,\theta)\Theta O(s,\theta)| \tag{6-34}$$

其中，Θ 为中央周边差运算符，在进行中央周边差运算前，需要对不同尺度的特征图进行上采样，得到精细的主尺度层，然后在主尺度层进行点对点减法运算。

然后，对各个特征图进行归一化操作，归一化操作符记为 $N(.)$。对归一化后的 $N(I(c,s))$，$N(RG(c,s))$，$N(BY(c,s))$ 和 $O(c,s,\theta)$ 进行加法运算，以得到亮度、颜色和方向特征的关注图 I'、C' 和 O'。计算公式如下：

$$I' = \underset{c}{\oplus}\underset{s}{\oplus} N(I(c,s)) \tag{6-35}$$

$$C' = \underset{c}{\oplus}\underset{s}{\oplus}[N(RG(c,s)) + N(BY(c,s))] \tag{6-36}$$

$$O' = \sum_{\theta} N(\underset{c}{\oplus}\underset{s}{\oplus}(N(O(c,s,\theta)))) \tag{6-37}$$

其中，$\oplus$ 是点对点加法运算符。在进行 $\oplus$ 运算前，需要对不同尺度的特征图进行上采样，以得到最高的主尺度层，然后在主尺度层进行 $\oplus$ 运算。

最后将亮度、颜色和特征关注图进行归一化组合即可得到综合显著图：

$$S = \frac{1}{3}[N(I') + N(C') + N(O')] \tag{6-38}$$

3）注意焦点选择与转移

注意焦点的选择和转移是通过赢者全取神经网络的方法得到：

$$V(t+\delta t) = \left(1 - \frac{\delta t}{CR}\right)V(t) + \frac{\delta t}{C}I(t) \tag{6-39}$$

其中，C 是电容，R 是电阻，V 为电压。

在进行注意焦点选取时，将显著图看成一个二维积分放电神经元阵列，将显著图中的每个神经元的电压,通过电导转换成赢者全取网络中神经元的输入电流。赢者全取网络中的神经元先于显著图中的神经元放电,先放电的神经元被认为显著度值最大,这个神经元就是注意焦点。注意焦点遵循返回抑制的特性,即已被选择的显著区显著度会受到抑制,不会被多次选择。

ITTI 模型通过计算图像特征的显著值来构建注意过程,特征提取是其中的关键步骤。ITTI 使用的颜色、亮度、方向等特征均为手工设计,不能正确描述电力设备的本质特征。深度学习是一类新兴的多层神经网络学习算法,通过建立类似于人脑的分层模型结构,对输入数据逐级提取从底层到高层的特征,能很好地建立从底层信号到高层语义的映射关系。为此,本课题引入深度学习模型以提取图像特征,然后通过计算这些特征的视觉显著值,获得图像中各种设备的显著图。

6.3 图像故障识别技术

在数字图像处理研究领域,目标识别技术是指使用计算机对图像进行加工处理,提取其中有意义的信息,以对图像中有意义的事物或现象进行分析、描述、判断和识别。目标识别的主要目的是确定图像中是否存在某个目标;如果存在,还需判断出目标是什么,并提供目标的大小、形状、位置等信息。

自 20 世纪 60 年代,科学家们已对基于图像处理的目标识别方法开始研究,并且提出了很多相关的理论和方法,其中,比较有代表性的目标识别方法包括基于统计学习理论(statistical learning theory)的方法、基于结构(structure-based)的识别方法、模糊模式识别方法(fusy patterm recognition)、聚类分析法(cluster analysis)和逻辑推理法(logic inference)。最近几年,应用较多的方法是基于统计学习理论的支持向量机(Support Vector Machine,SVM)和基于聚类分析法的人工神经网络。

1. K 均值聚类算法

1)K 均值聚类算法初始分割

初始化:在图像聚类处理中选择应用聚类算法,其操作最为关键的步骤为聚类中心选择。考虑到这一重要因素,选择像素颜色值 K 等分点作为初始聚类中心,针对图像 f 而言,聚类数目 K,以下给出各通道颜色的最大值和最小值定义:

$$\min_i = \min(\min(f(:,:,i)))$$
$$\max_i = \max(\max(f(:,:,i))) \quad (6\text{-}40)$$

初始聚类中心为：

$$C = [c_{ik}]_{3 \times k} \quad (6\text{-}41)$$

其中 $c_{ik} = \min_i + k \times (\max_i - \min_i)/(K+1)$。

面向图像作采样工作：规格为 $m \times n$ 图像，其数据点共有 mn 个。这些数据相对庞大，进行聚类操作需要一定时间。在本算法操作中，首先要求面向图像像素点进行采样工作，选择 1/10 像素点执行聚类，从而获得其聚类中心。

针对采样中未采集的像素点，选择距离作为标准，将其归入最近聚类中心中。

2）区域合并策略

在进行初始分割后，虽然利用颜色信息进行了初试的划分，但存在过分割的现象，区域之间仍存在较大程序的相似性。下面将阐释一种有关区域合并处理的具体策略，以初始结果为对象进行合并处理，以获得相应的分割结果。

在区域合并中，距离度量属于十分关键的标准，其准则设定，对区域合并结果与整体分割效果都存在着显著影响。通常，两个区域实现合并操作，其应具备一定的先决条件：在颜色上，两个区域应具备相近性；在空间上，区域之间应具备相邻性，同时要求在邻接位置处不存在明显边缘。具体定义可以表述为：

颜色距离为：

$$D_{ij}^c = \frac{|r_i| \times |r_j|}{|r_i| + |r_j|} \|\bar{\mu}_i - \bar{\mu}_j\|^2 \quad (6\text{-}42)$$

边缘距离为：

$$D_{ij}^e = \| Ave(i) - Ave(j) \| \quad (6\text{-}43)$$

其中，i 与 j 区域中像素点个数分别由 $|r_i|$、$|r_j|$ 表示，两个区域间颜色均值则由 $\bar{\mu}_i$、$\bar{\mu}_j$ 来描述。D_{ij}^e，两个区域边缘对应的像素均值参数由 $Ave(i)$、$Ave(j)$ 表示。

针对区域合并问题，以颜色距离为基准进行区域相似性度量，能够优先安排小区域合并；以边缘距离为基准执行合并操作，可以优先安排平缓过度边缘部分合并。综合两种指标，提出新型的距离度量方法，具体可以表述为：

$$D = P \times D_{\text{sort}}^c + (1-P) \times D_{\text{sort}}^e \tag{6-44}$$

选择颜色距离 D_{sort}^c 与边缘距离 D_{sort}^e 为主要参考指标，两者在量级上存在差异，直接合并处理，整体效果较差。在分割过程中，可以获得两个指标的相似性矩阵，借助矩阵完成拍下，针对获得的 D_{sort}^c 与 D_{sort}^e 作运算。P 则承担 D_{sort}^c 与 D_{sort}^e 指标的调节功能。

关注区域合并具体过程。在完成聚类操作后，以颜色值为基准，将所有像素点归入相应类别中。聚类类别数量具体设定为 K_1。然而在聚类过程中，只关注了图像颜色问题，未关注空间问题，可能在同一类中含有不相邻空间像素。为此，在合并操作之前，需要充分关注区域邻接关系，对于空间不存在相邻关系的区域，可以具体标注为其他类别，由此，可以获得 K_2 个区域。通常，$K_2 \geq K_1$。以初始分割结果为对象，选用邻接图方式，对区域间相互关系作具体描述。具体操作步骤表述如下：

选择区域面积为关注点，优先完成面积相对较小的区域合并。在图像聚类时其主要依据为颜色空间，未充分思考像素点空间问题，导致出现数量较多的小面积区域。具体界定面积阈值，将低于阈值的区域，向颜色距离最小邻近区域合并，由此，可极大降低区域整体数目。

在完成以上操作后，针对剩余区域则可选择分级合并算法，从而实现最后分割。在每次合并中，均选择图像中距离最近的区域进行合并处理，从而构成新的区域。以该区域为基础，调取与之距离关系最近的区域执行合并。在聚类数量值与 K 值相等时则停止合并。

2．BoW 模型

BoW 模型最初应用于文本处理领域，计算机视觉领域的研究者们发现其原理可以推广到图像识别与处理领域，涵盖了文本处理和图像处理领域的跨领域过渡。如图 6-2 所示为 BoW 模型用于图像处理领域的普遍被接受的流程，首先选择合适的图像作为样本集进行训练，再选择某些特征，对这些特征进行聚类处理，生成视觉单词。联合这些视觉单词形成一个码本，然后统计待分类图像中各个视觉单词出现的频率，将这些图像用直方图表示出来。

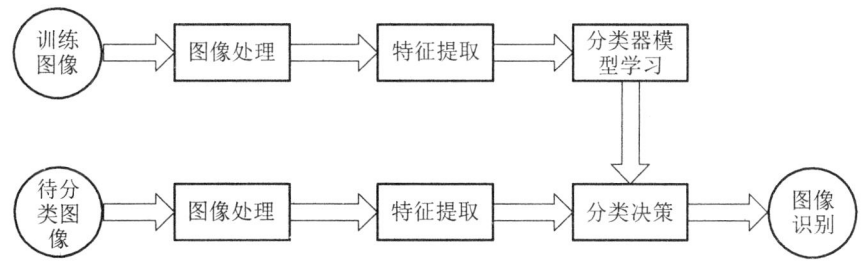

图 6-2　BoW 模型

1）特征检测及表达

图像区别于文本，文本由各种词汇组成，而图像的表示一般需要先对图像进行特征提取，用这些特征表示该图像。物体的全局特征易受到外界的干扰。比如随着光照的变化，图像的特征会发生变化。图像的局部特征仅用部分区域的信息表示，而局部区域以外的影响不会很大。一般图像会被表示为局部特征的集合。图像的局部特征描述了图像的多个不同的侧面信息，如果选择哪几个或哪个特征，则结果会产生很大的变化。

局部区域特征的详细提取步骤为：首先使用了图像的关键区域（key region）或关键点（key point），图像的关键部分是指图中的边缘或颜色差异明显的地方。一般比较普遍被使用的提取关键部分的方法有 affine 检测算法和 Lowe 在 2004 年正式提出的 DoG 检测算法，常见的局部关键区域的算法为 MSER 算法。

下一步是将图像抽象成一些感兴趣的局部图像块，再根据各个区域块中每个像素之间的尺度、方向等关系算出特征描述符，用来描述此关键区域或关键点，还要确保该描述符不能受到图像缩放、亮度、旋转等的影响。SIFT 特征算子是目前最受欢迎且普遍应用的特征算子，它将图像用 128 维的向量集合表示，其他算子有颜色直方图和局部二进制模式等。

2）视觉单词及码本的构建

这一步的目的是量化操作特征空间，在文本领域中不包括这一步的，这一步也被视作 BoW 在两个领域的运用中最关键的不同之处。处理文本时，词典是离散和低维度的，而在图像处理领域，特征维度基本上均较高，以 SIFT 特征描述子为例，它有 128 个维度，而一幅图片中可能存在成百上千个类似的特征，如果将来自训练集的所有特征均看作词典中的词，那么可以想象它的规模是巨大的，且无法保证从待分类识别图像中提取的特征点均能在这些"词汇"中找到。且仅一种特征的信息量就很丰富，这样会降低图像的分类效率。所以人们想出了将一定范围内连续的特征空间量转化为一个视觉单词，将所有单词组成码本的方法。

由此可得，码本的构建由量化空间的方式决定，常见方法为利用 k-means 聚类方法对向量进行聚类，将类似的特征向量划分为同类，同时，定义各类别中心位置为视觉单词，聚类类别即模型的码本。选择合适的码本容量以及构建合适视觉单词会对 BoW 模型的性能造成非常大的影响。

3）直方图表示

有了码本后，给定一幅图像，模型先提取该图像的特征，得到特征集合，然后将每个特征对应到一个或多个视觉单词，若对应到唯一一个视觉单词，则称为硬分配，若对应到多个视觉单词，则称为软分配。

在一幅图像中可以用特征检测和表达算法得到很多特征点，这些特征点用向量的形式表达，使这些特征点逐个与码本中的单词进行相似比较，从而取得若干的视觉单词以表示码本。硬分配如下所示：

$$u_{ij} = \begin{cases} 1, if(j = \arg\min_k \|v_i - c_i\|) \\ 0, oterwise \end{cases} \qquad (6-45)$$

采用欧氏距离，及最近邻算法计算特征与每个视觉单词聚类中心之间的距离。软分配表示一种特征与多个视觉词汇匹配，它们之间的关系是一对多。其中 β 是用来操作 v 的多元化的视觉词汇。软分配每个维度取值以特定特征和视觉词汇的距离决定，因此软分配更加精确地表现出每一个特征与全部的视觉词汇之间的联系，从而可以保留更多的信息软分配公式如下：

$$u_{ij} = \frac{\exp(-\beta \|v_i - c_j\|^2)}{\sum_{j=1}^{k} \exp(-\beta^2 \|v_i - c_j\|)} \qquad (6-46)$$

汇总图像中出现的视觉词汇和视觉词汇出现的次数，可以用以上这些信息构建出一个直方图，可以用此直方图表示这幅图片。在直方图里面，每种分量表示的是颜色、纹理、形状特征出现的频率值。

3．卷积神经网络

20世纪90年代，LeCun等人设计并应用一种多层神经网络5850，用于识别手写字体，称之为LeNet-5，确立了卷积神经网络的现代结构，这是在图像识别方向的首次尝试；随着训练数据的大规模增加，硬件计算机能力的增强——GPU的出现，卷积神经网络有了更加深入的发展，最负盛名的要数Krizhevsky等人在2012年的ImageNet大赛上提出的经典CNN结构——AlexNet，该结构在图像识别任务中取得了重要突破性的成绩；随后ZFnet、VGGNet、Inception、GooleNet等网络的相继问世，使图像分类取得更加卓越的效果。卷积神经网络因其权值共享的特殊结构，以及通过采用局部感受野和降采样的策略，同时以原始图像作为输入，并提取抽象的特征进行学习，降低了人工参与度，避免了烦琐的特征提取过程。由此，目前卷积神经网络在图像分类、目标识别等方面的研究中占据一席之地。

不同用处的卷积神经网络结构略有出入，但其基本组成部分大致相同，典型的卷积神经网络结构如图 6-3 所示。

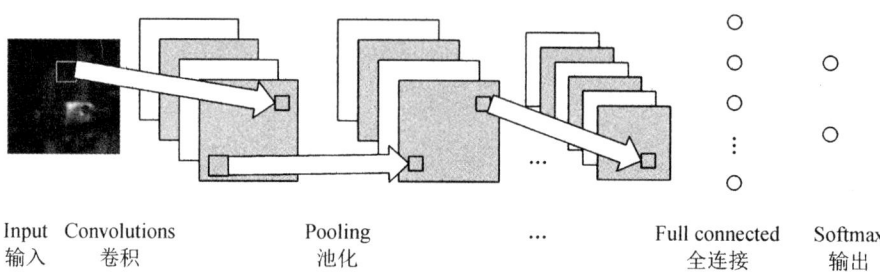

图 6-3 典型 CNN 网络结构图

卷积层（convolutions layer）：通过一个可学习的卷积核（convolutional kernel）对输入数据进行卷积操作，以实现学习所述数据的特征表示，计算出所对应的特征图（feature map），这里的卷积核大小即为局部感受野的大小。其计算公式如下所示：

$$y = \sum_{i=1}^{n}\sum_{j=1}^{n}w_{ij}x_{ij} + b \qquad (6\text{-}47)$$

其中，$n \times n$ 为卷积核大小，w_{ij} 为卷积核 W 的权值，x_{ij} 为输入图像数据，b 为偏置。这里的卷积核上的权值参数以及偏置量为每一个神经元所共享，这就是卷积神经网络中的"权值共享"原则，将大大减少卷积核的参数量，降低模型的计算成本。

此外，如果输入数据的变化很小，输出的结构将产生不同的结果，为了避免这种现象的发生，通过引入激活函数进行非线性映射，为遵循神经网络的数学基础——处处可微，所以激活函数也应可微。常用的激活函数包括但不限于：Sigmoid 函数、Tanh 函数、Relu 函数、Elu 函数、Maxout 函数等。现如今绝大多数的卷积神经网络模型均使用 Relu 函数，其表达式如下所示：

$$f(x) = \begin{cases} x, & \text{if } x \geq 0 \\ 0, & \text{if } x < 0 \end{cases} \qquad (6\text{-}48)$$

因为取值为 max（0, x），恰好构建出一个数据大多为 0 的稀疏矩阵表达数据特征，充分利用稀疏性去除数据冗余的特性，极大程度上保留数据特质，增强网络泛化能力，使得计算快的同时效果又好。

池化层（pooling layer）：也称下采样层，一般处于卷积层之后，用于降低输出的特征向量并保持结构的局部不变性，降低运算复杂程度。其中，最大池化、平均池化、随机池化与全局平均池化是神经网络中常见的四种池化操作。由于具有良好的保留图像纹理特征的优点，最大池化在卷积神经网络中的应用较为广泛，顾名思义，最大池化即取领域内特征点最大值，邻域大小为 2×2，步长为2。

全连接层（full connected layer）：通俗来讲是指连接前面设计的所有特征，即任一神经元与上一层中的每一个神经元之间都有连接，相当于特征加权求和后，将输出值交与分类器，从而实现将一个特征空间线性转换到另一个特征空间的本质意义，得到高度提纯的特征。

卷积神经网络的训练过程包括前向传播阶段，即数据由低向高层次传播，以及反向传播阶段，即当发生在前向传播阶段所得出的结果与期望结果不符时，误差由高向低层次相反方向的训练。训练过程包括：针对卷积神经网络的权重进行初始化；输入图像数据进行前向传播得到输出值；求得实际输出值与目标输出值间的误差；判断误差，若小于等于期望值，则结束训练，若大于期望值，则进行反向传播，实现权重更新，再进入下一步。

7 电力设备光学监测技术展望

7.1 光电传感技术的发展趋势

1. 光纤传感产业

光纤传感技术是指借助外界量的作用，引发光在光纤传播中的多个参量发生改变，如波长、相位、振幅、频率等，以此对外界量加以测量并实现数据传输。区别于传统的传感技术，光纤传感技术的应用原理将光作为载体进行信息传播。这一技术的应用体现出灵敏度高的优势，可以应用于精密测量。光纤传感系统采用光纤进行信息传递，信息传输通过光信号的改变，可以抵抗电磁干扰，因此在大电流、强磁场、强辐射等特殊场合应用更具有优势。光纤传感器的制作材料具有耐久性，因此可以保证长期使用。光纤传感器可用于测量压力、温度、位移、速度等多个物理量，能测量出化学量、生物量的变化。光纤传感技术还可以实现远程测控，建立大区域、动态化监测网。

1）应用光纤光栅传感器

当前传感器研究领域具有多个热点技术，其中之一为光纤光栅传感器的应用，其系统示意图如图 7-1 所示。光纤光栅传感器借助测量布喇格波长的漂移检测物体。传感中应用光纤光栅具有较高灵敏度的特点，可组成分布式排列结构。一根光纤可测量多点信息并加以传送。此类传感器可以实时监测大型构件，能应用于压力、加速度等参数的传感检测。光纤光栅传感器的优势还体现在可应用于多种场合的测量。当前技术研究集中于提高灵敏度、分辨率，实现对应变与温度变化的感测，开发小型化、低造价、可靠性高且灵敏度高的探测装置，具体技术涉及到封装、温度补偿、网络传感等。随着波长解调技术的成熟，光纤光栅传感技术更趋于完善，接近于商用化。

7.1 光电传感技术的发展趋势

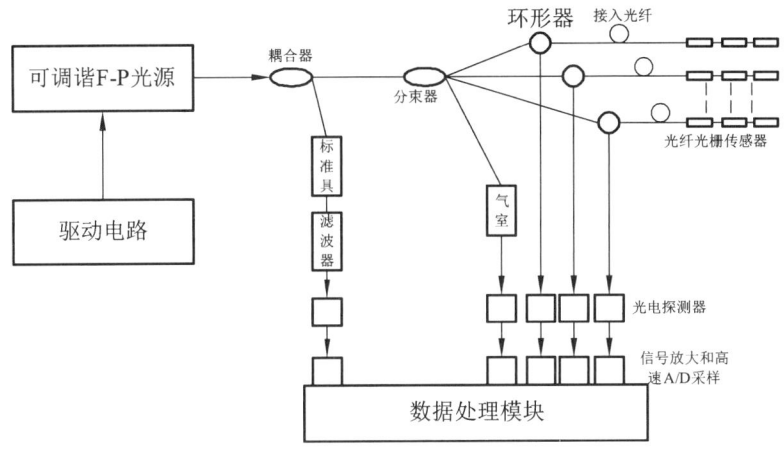

图 7-1　光纤光栅传感系统

2）应用阵列复用传感系统

应用阵列复用传感系统类光纤传感也称为准分布式系统。传感器的应用采用了多种形式，包括波分复用、时分复用以及空分复用等。此类光纤传感器实现了信息传播的阵列化，多点可同时实现传感或分时传感。在当前技术的发展过程中，采用联合应用干涉结构的阵列光纤传感器与光纤光栅阵列传感器。阵列化光纤传感应用于远距离、大区域的多点传感，可以实现大规模传感。阵列式光纤传感系统采用综合复用的传播方式，利用相干光纤光栅组从而应用光纤光栅，在光纤耦合、插入中可以保证低损耗。干涉型结构建立可以保证高灵敏度和快速检测速，适合于大规模、多点组网的传感。应用阵列化要保证传感元件的灵敏度、可靠性，保证解调的快捷准确性等。

3）分布式光纤传感

分布式光纤传感通过沿线光波分布参量的变化得以实现。如图 7-2 所示，传感光纤范围内，在特定时间与空间内可获得被测量的多种信息。当前光纤传感的研究方向是将散射机理应用于分布式传感系统，技术应用还包括激拉曼散射、激布里渊散射以及前向传输模耦合等。这些技术各有优势，在应用中要结合实际加以区别。分布式光纤传感系统应用的优势体现在实现了测量的连续性，无须更多的分立传感元件，降低了传感系统的成本。

7 电力设备光学监测技术展望

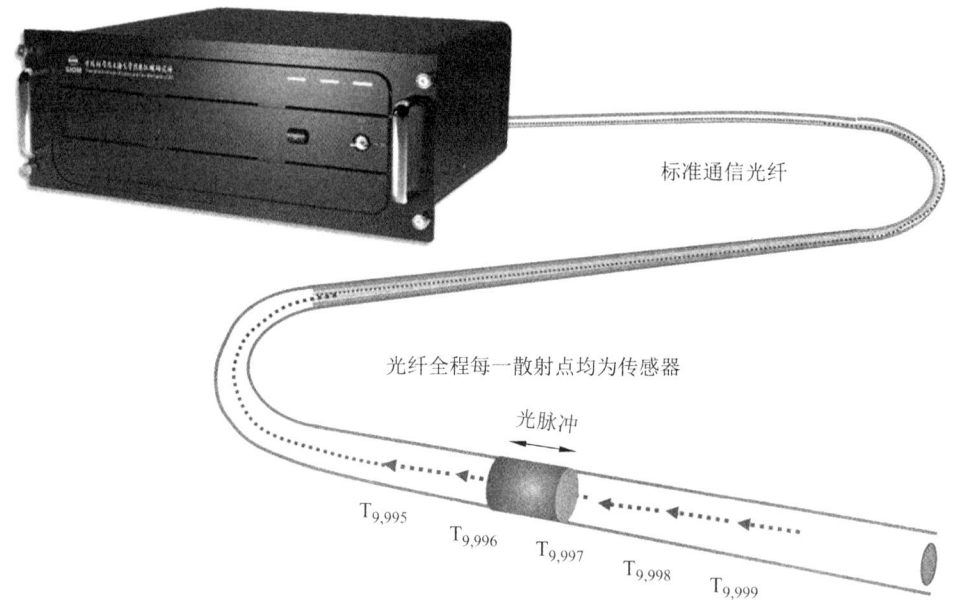

图 7-2 分布式光纤传感技术

4）光纤传感技术与电力系统

在电力系统中待测定的重要参数包括电压、电流、温度等，而大型电机、变压器的温度检测等会受到强电磁场的干扰，传统的传感器应用于这些场合难以保证其可靠性。借助布拉格光栅传感器可以对温度、振动加以监测。光纤传感器具有抗电磁干扰能力，可以应用于电力系统的电流、电压、温度等参数的测量。布里渊分布式光纤传感器采用了单光源、单端式工作，系统组成简单。该系统可以实现远距离的温度测量。

5）光纤传感技术发展趋势展望

当前，光纤传感技术处于快速发展中，带动了多个领域的同步发展，许多控制装置的信息采集有了新的方式。信号传输可以有更高的标准，许多领域的自动化水平得以提升，而传感器是获取信息的核心器件。光纤传感器技术的发展方向如下：

（1）实现多用途。光纤传感器不仅可以针对一类物理量，还可以实现多种物理量的同步采集测量。

（2）提升传感器的分辨率与灵敏度，降低制造成本，组建网络化的传感器，控制污染物、湿度、温度对传感参数的影响，保证特殊领域数据传感的可靠性。

（3）开发新型的传感材料，保证传感的高灵敏性。

（4）在高温、高压、化学腐蚀等极端条件下保证传感器的可靠性。

（5）光纤传感器可以与微机械、微流态学等技术结合。光纤传感技术经过多年的发展实现了技术上的进步，研发出了许多实用性产品。但由于多种实际需要，当前光纤传感技术可加强传感器的实用化研究，提高传感器的性价比。此外，还需研究新传感机理，开发新式的光纤传感器，以扩大应用领域。

2．光电传感器件发展趋势

1）光电传感器件

现阶段光电传感器件可以分为以下类别：一是对射式光电传感器，此种传感器主要由发射器和接收器组成，通过发射器发出具有一定频率的信号，经过一定距离后由接收器进行接收。如果被测物体挡住此光路，接收器就会根据其信号接收情况做出反应，进行相应的开关控制信号的输出。此种传感器在具有较为严重的粉尘污染以及室外环境中比较适用。二是漫反射式传感器，此种装置与上述对射式传感器类似，只是缺少反光板。这样就使得被测物体挡住光路之后，检测对象会将发射器发出的光线进行折射，使得接收器可以接收光信号，然后将相应的开关控制信号进行传输，比较适合在自动冲水系统中应用。三是反射式传感器，此种传感器在同一个接头装置中还有发射器、反光板及接收器，比较适合在光电板反射式的光电开关中应用。如果出现被测物体挡住传感器的现象，接收器会因无法接收光路而失去作用。四是槽型传感器，在此装置的两侧分别安装发射器和接收器，当被测物体经过此 U 形传感器时会隔断光轴，此时会控制光电开关反应并进行开关量信号的输出。应用此种传感器的开关具有较高的安全性和稳定性，比较适合在被测物体为透明或半透明的检测工作中应用。五是光线式传感器，此种传感器使用光纤连接光源的光与监测点，当被测物体挡住此光线时会改变其光学性质，即可检测到此位置的光源信号。

2）光电传感器发展趋势

（1）应用范围扩大：如今的光电传感器虽然在功能方面已做出了很大的改进，但还只能针对一种物理量进行测量，这就大大限制了光电传感器的应用范围。而在当今科技迅速发展、信息大爆炸的时代背景下，各种信息获取的难度越来越大，人们对各种信息的需求也越来越大，这就需要对光电传感器的功能进行扩展。通过对光电传感器的结构及工作原理进行全面详细的了解，在此基础上，根据不同的测量用途对光电传感器进行功能的改进和强化，使其可以适用于多种环境中，扩大其应用范围，这也是未来光电传感器的发展趋势之一。

（2）生产创新及模块化：目前人们也正在不断开发光电传感器的新材料，新材料的开发应用对于光电传感器本身的功能革新以及应用范围的扩展都有十分重要的意义。除此之外，将光电传感器的功能实现系统化模块化，将光电传感器的功能分为多个模块，单个模块的问题不会影响整体的工作，但同时单个模块也可以充分发挥局部的功能，当某个模块满负荷出现问题时，会有后续的模块及时补上，从而继续工作。生产的模块化可以在提高光电传感器的工作效率的同时节约资源，也使其在工作更为流畅，受外界的干扰会更少，更有利于发挥自身的优势。

（3）技术的提高创新：传感器在人们的社会中扮演着越来越重要的角色，这也就导致人们对其提出了更高的要求。因而，光电传感器另一发展趋势是对传统的光电传感技术进行提高创新。结合我国当前光电传感器的发展现状，依据对国外先进的技术的借鉴总结，将传统的光电传感技术与计算机技术进行结合，开发智能光电传感器，使光电传感器在测量后还可以对测量数据进行分析整合。综上所述，通过技术上的创新，对光电传感器进行功能完善，使其可以适应更加复杂的工作，为人们带来更多的便利。

光电传感器因其自身的优势，在各个领域都获得了广泛的应用，且在客观层面上也推动我国的电子科学技术的进步及生产力的提高，其发展的前景也十分广阔。因而也应加大在光电传感器方面的科技投入，对其功能进行改进，提高科技含量，使其可以更智能化地服务人们的生产生活。

7.2 光谱成像技术的发展趋势

1. 光谱成像技术

光谱成像是指通过成像光谱仪记录被检验物体在一定光谱范围内均匀分布的多个窄波段单色光的反射光亮度分布或荧光亮度分布情况，形成由多种单色光影像构成的光谱影像集。

光谱成像组合了光谱技术和数字成像技术，其装置由液晶可调波长滤光镜（LCTF）、数字CCD照相机、照明光源和计算机及专用软件组成，如图7-3所示，其中由计算机控制的液晶可调波长滤光镜与CCD照相机连接构成了成像光谱仪。光谱成像首先需根据检材状况和检验目的，按照光学检验原理，选择照明光源和照明条件，在检材上形成适当的反射光亮度分布或荧光亮度分布。在成像记录时，计算机控制液晶可调波长滤光镜在一定范围内，依次透过预先设定的多个等间距波长位置上的窄波段单色光，使检材在各个波段的反射光或荧光透过滤光镜，依次到达CCD感应器。计算机控制CCD感应器记录操作与滤光镜透过单色光操作同步进行，使CCD感应器能够记录检材在相应波段的亮度分布，并将众多单色光亮度影像储存在计算机中，从而形成光谱成像的光谱影像集。

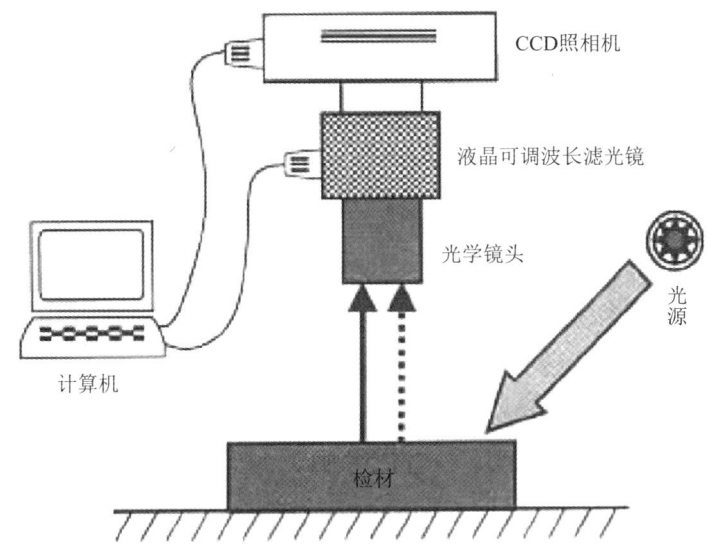

图 7-3　光谱成像装置示意图

光谱成像记录的光谱影像集，包含了检测物体在多幅等间隔波长位置的窄波段单色光亮度分布影像，因此这种成像技术也称为多光谱成像或超光谱成像。

光谱成像技术的理论和技术实践已有数十年历史，但近年来液晶可调波长滤光镜的出现及数字成像技术的成熟，使这项技术的作用能力达到了一个崭新水平。它在飞机和卫星遥感测量及工业检测等领域取得了较好的应用效果，且被尝试用于包括绝缘状态检测技术在内的更多应用领域。

物质吸收光谱或荧光光谱是由物质组分和分子结构决定的。不同物质呈现不同的光谱性质，因此可以通过分析比较物质光谱性质对物质化学成分进行鉴别。在绝缘检验领域，光谱测量分析一直是鉴别物质的重要手段之一。光谱成像技术能够获得被检验物体表面各像点物质的光谱信息，因此类似于常规光谱检验技术，可以有效用于物质成分鉴别。相对常规光谱检验方法，光谱成像检验物质成分的一个重要优势是：它既能通过光谱分析数据，对物体表面上的各种物质进行比对鉴别，又能同时在影像上显示被比对物质的分布形态。在具有形态细节的影像上进行光谱分析检验有两个重要优点：一是改善绝缘子表面状态检验效率和提高检验能力，二是使物质成分鉴别检验结果的表述更加直观，让检修人员更容易正确理解微量物证检验结果，这对电力设备安全运行有着非常重要的意义。光谱成像检验物质成分的第二个重要优势是：它的无损性质，且几乎不需要进行样品制作，这样既可以减少潜在的污染危险，又可以提高检验工作效率。

近年来，光谱成像技术开始试用于电晕放电、绝缘子污秽闪络检验等领域。初步的研究工作表明：光谱成像技术在绝缘状态检验中具有独特的优势，展现出良好的应用前景，但它还是一个有待进一步开发研究的领域。例如，在实验研究中，光谱成像技术显现潜在指印的灵敏度明显高于常规成像检验方法。无损的影像检验是绝缘状态检验领域最有吸引力和最有效的检验技术方法，在各种绝缘状态检验中占有重要地位。绝缘状态检验方面的任何技术的改善和进步，都将在电力系统安全运行中显示出重要的作用。因此，引入光谱成像技术对提高绝缘状态检验能力具有非常重要的作用。光谱成像技术将为绝缘状态检验技术带来新的发展机遇，且很有可能在未来成为变电站设备状态评估技术发展的热点，经过更广泛和深入的技术和应用研究，光谱成像将可能被证明是绝缘检验领域有价值的工具之一。

2. 红外光谱成像技术

自 21 世纪初，单波段大规格、小像素红外焦平面阵列、大规格双色/多色红外焦平面阵列、灵巧红外焦平面阵列得到迅速发展，基于大规格红外焦平面阵列、双色/多色中规格红外焦平面阵列的第三代红外成像探测系统开始列装，这一时期，红外凝视成像探测体制正在进一步演化成双色、多色红外凝视成像探测体制；偏振红外探测、新体制大视场高分辨率红外成像探测体制、主动式激光雷达三维成像体制、激光主动成像/红外被动成像多维复合成像体制和协同探测/分布式/网络化红外成像探测体制，也将逐渐成为发展热点，将部署具有更高能力、更高分辨率、多光谱能力和数据融合信息处理的战略卫星传感器；承载平台将由天基扩展到邻近空间等平台；与红外成像探测相关的红外焦平面阵列和数字处理等基础技术已取得较大成就，现有的成熟的碲镉汞、锑化铟等焦平面技术的探测率等性能参数已非常接近于物理极限，第三代红外双色焦平面阵列将逐渐成熟，并孕育着Ⅱ型超晶格红外焦平面阵列、量子点红外焦平面阵列、高性能大规格非制冷或小制冷量红外焦平面阵列、单光子和光子计数探测器及阵列、数字化焦平面阵列、自适应多波段红外焦平面阵列、灵巧红外焦平面阵列等新的重大突破，从而为红外成像技术的进一步发展提供新的空间。

今后 10 到 15 年可能出现以下革命性成就：

焦平面阵列上实现全数字处理，并提供改进的数据压缩、特征提取，降低整个数据传输系统的复杂性；计算成像用于新的机载平台的"共形成像""超光谱成像"；多色焦平面阵列将取得突破，结合先进的信号处理和融合算法，能提供更高的目标探测和识别能力。

未来的红外成像探测技术将突破现有思路的束缚，由目前集中式的信息获取、基于设备的探测模式、单频段单偏振方向的系统构成、基于统计的检测方法，向分布式信息获取、基于体系的探测模式、多频段多偏振方向的系统构成、自适应及智能化的工作模式、环境知识辅助的检测方法等方向拓展。同时，利用天基和邻近空间等平台的红外成像探测技术，将得到更加广泛的重视。这些努力将最终演化成为实现更高性能红外信息获取的全新一代的红外成像探测体制、装备、系统和体系。

未来新型红外成像探测装备的主要特征将可能是：三维多视角布局（如立体网格探测，如图7-4所示为三维红外街道成像效果；多站分布式/网络化红外成像探测）、多探测器复杂构型和高维信号空间处理（例如，TBD、距离-方位-多普勒-时间、方位-俯仰-光谱-偏振向等多维跟踪检测；全谱段、全偏振向、多信息源等构成的多维信号空间）。

图7-4　三维红外街道成像

3．紫外成像技术

紫外成像仪采用双光路成像技术，主要由紫外光通道和可见光通道组成。紫外光通道的结构如图7-5所示，包括紫外镜头、紫外滤光片、MCP增强器以及CCD阵列等部分。紫外光经过紫外成像镜头处理后，成像在MCP增强器的光电阴极面上，光电阴极将光子转换为电子,在微通道板内加速倍增,打到阳极荧光屏相应的位置上,还原成增亮的可见光影像,这部分可见光传到 CCD 表面,转变为数字图像信号。可见光通道的主要组成部分是可见光相机,可捕捉拍摄对象所反射的可见光。仪器内部采用了图像融合算法将紫外数字图像叠加到可见光图像上,从而显示出放电位置。这种将光电探测器与成像镜头相结合的成像系统虽有较高的精度,但其复杂的系统构成导致这类器件通常尺寸较大,难以内置于电气设备内部,实现设备内部的局部放电检测及定位。

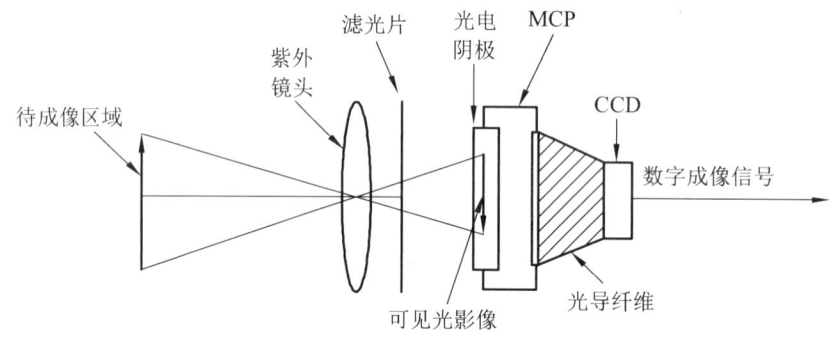

图 7-5 紫外通道结构图

凡是有外部放电的地方均能用仪器观察到电晕,这意味着紫外成像技术在高压带电检测领域的应用前景十分广阔。到目前为止,大致可归纳为以下几个方面的应用:

(1) 导线架线时拖伤、运行过程中外部损伤(例如人为砸伤)、断股、散股检测。导线表面或内部变形均可能导致其附近电场强度变强,从而产生电晕。这对于日常巡查和检验工程质量有很大帮助。

(2) 检查高压设备的污染程度。污染物通常表面粗糙,在一定电压条件下会产生放电,如绝缘子表面污染会产生电晕。导线的污染程度、绝缘子上污染物的分布情况等,均可利用该技术进行有效分析。

(3) 运行中绝缘子的劣化以及复合绝缘子及其护套电蚀检测。绝缘子的裂纹可能会构成气隙。当气隙的电场强度达到临界场强以上,就会产生放电现象。绝缘子的劣化,可能会导致表面变形,从而使电场强度增强,在一定的条件下产生放电。利用紫外成像技术,在某些情况下还可以发现支撑绝缘子的内部缺陷,可在一定灵敏度、一定距

7.2 光谱成像技术的发展趋势

离内对劣化的绝缘子、复合绝缘子和护套电蚀检测进行定位及定量的测量,并评估其危害性。

4. 关联光谱成像

传统的光学成像方式是利用光场的一阶关联获得物体的信息,如显微镜、照相机、望远镜等。而关联成像则是利用光场的高阶关联获得物体的空间或相位分布信息,其成像过程如下:光源发出的光经过分束器分成测试光路和参考光路,其中:测试光路中放置物体,并在物体后面使用不具有空间分辨率的桶(点)探测器接收信号;参考光路中不放置物体,光直接照射到具有空间分辨率的探测器上。由于桶(点)探测器不具有空间分辨率,而具有空间分辨率的探测器没有接触物体,因此仅通过单路探测器的输出均不能单独得到物体信息,但通过对两路输出信号进行符合计算,可恢复物体的信息。这种成像方法实现了探测和成像的分离,是一种非定域的成像方式,即离物成像,故也被称为鬼成像。

纠缠双光子关联成像是最先提出的关联成像方法。其实验结构图如图 7-6 所示。使用波长为 35.5 的氩离子激光器作为光源,抽运 BBO 晶体,使晶体发生自发参量下转换过程,产生的纠缠光子对经过偏振分束器(PBS)分成两路:

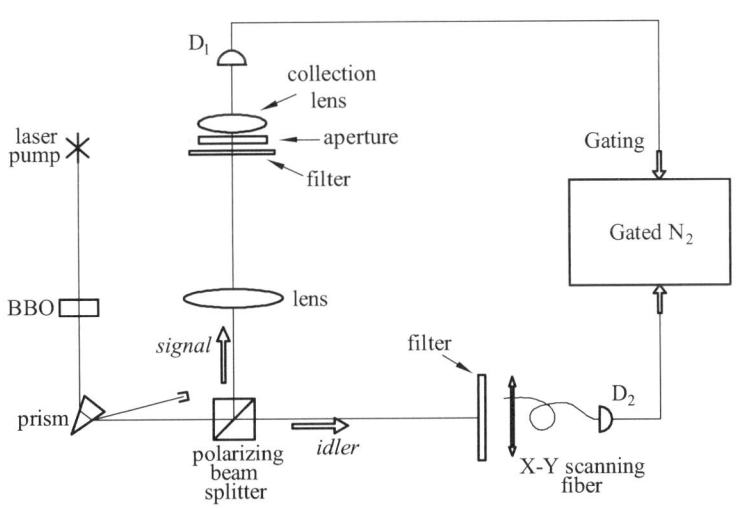

图 7-6 纠缠双光子关联成像实验示意图

(1)信号光先通过透镜,再透过物体经收集透镜汇聚到无空间分辨率的桶探测器 D_1 中;

（2）闲置光自由传播，使用探测器 D_2 对该光路横截面进行扫描得到空间分布信息。

该实验可以用双光子的纠缠性质解释，两路光子存在坐标、动量纠缠，于是将信号光路和闲置光路简化到同一直线上进行分析。将物体到透镜的距离当作物距，设为 S，把 BBO 晶体到探测器 D_2 的距离和 BBO 晶体到透镜的距离之和看作像距，设为 S'，关联成像的几何光路图如图 7-7 所示，该系统同样满足高斯成像公式：$1/S + 1/S' = 1/f$，其中 f 为透镜的焦距。实验结果表明：对两条光路进行单独测量均无法得到物体的信息，只有对两路计数率进行符合测量才可恢复出物体的图像，实验结果如图 7-8 所示。

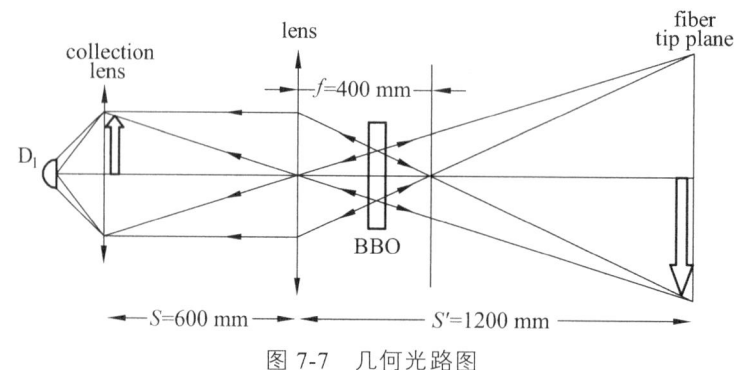

图 7-7　几何光路图

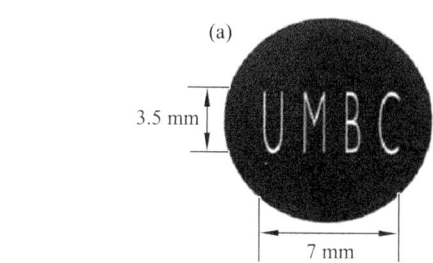

（a）信号光路中的物体

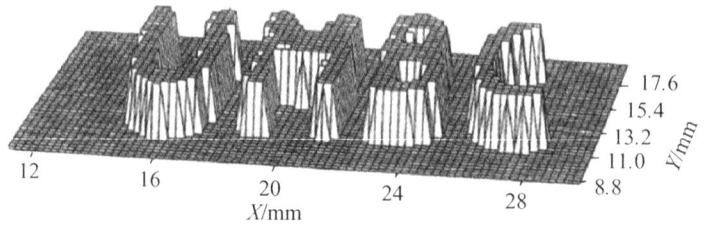

（b）光纤横截面坐标下的计数率

图 7-8　关联成像实验结果

纵观关联成像的发展历程可以看出，人们对关联成像的研究经历了纠缠双光子关联成像、（赝）热光关联成像和计算关联成像3个重要阶段。纠缠双光子关联成像背景噪声小，但纠缠光源的制备难度高，且外界因素（如杂光、仪器的暗噪声等）容易影响成像的质量，因此对实验的环境要求较高。（赝）热光关联成像的光源更容易获得，甚至可以直接利用太阳光进行实验，这使得其更具应用价值。但（赝）热光关联成像在实验过程中存在分辨率和对比度相互矛盾的问题，降低了图像的信噪比。在（赝）热光关联成像中，光源的尺寸和距离决定了光场的散斑（或横向相干面积），散斑越小，分辨率越高，但会降低图像的对比度；散斑越大，对比度越高，但此时分辨率又会降低。计算关联成像中，可以通过调制 SLM 或 DMD 产生强度涨落光场作为光源。但经过 SLM 或 DMD 反射之后的光场会发生变换，从而给系统带来噪声。关联成像相对于传统的基于光场一阶关联的成像技术有着明显不同的特性，可以和传统成像形成有益的互补，实现传统成像难以（或无法）实现的功能，但同时也存在着一些不足之处。因此，对关联成像系统本质的探讨和对高性能关联成像技术的改进成为了深入研究的重点。相比于传统成像技术，关联成像具有非定域性的特点。此外，由于关联的特性，其抗干扰能力更强，可有效抑制大气湍流对成像质量的影响。但关联成像也存在明显的局限和不足：

（1）图像信噪比低；

（2）成像时间（探测时间和后期解析时间）比较长；

（3）对复杂物体的还原程度不够高。

近年来，关联成像技术已经具有一些应用价值，具体如下：

（1）3D 遥感成像。2012 年，学者发表了关联成像雷达的研究成果，并在不同的天气条件下实现了物体的远距离遥感成像。2016 年，通过将压缩传感算法和时间分辨测量技术相结合，实现了地物体的三维遥感关联成像。

（2）光学加密。2010 年，Clemente 等基于计算关联成像提出了光学加密方法。实验中，以加载到空间光调制器上的散斑图信息为密钥，以目标物体测量之后的强度信息为密文，接收方收到密文后，结合密钥即可进行解密。2013 年，Kong 等完成了双光子关联成像的加密实验。随后，Chen 等实现了三维关联成像光学加密。

（3）人脸识别。近期，Physical Review Letters 报道了在关联成像方面的最新进展——基于光场调控的量子图像识别。通过光场调控的手段，将量子关联成像与光学图像识别两种技术有效融合在一起，采用空间结构光替代常用的基模高斯光抽运非线性晶体，从而有效地调控下转换产生的纠缠双光子对的关联特性。通过在抽运光中加载目标人脸的傅里叶频谱信息，等效构建一个量子版本的 Vander Lugt 滤波器。当闲置光子照射到相对应的人脸图像上时，与之关联的信号光子会在相机上形成一个明显的相关峰。该识别过程在单光子水平下完成，这意味着待探测的样本无法感知到这一过程，因而，该方案将会极大地推动隐蔽探测、无损生物样本识别等领域的发展。

关联成像是一种新颖的成像技术，由于其具有物像分离、抗干扰能力强等特点，在三维遥感、生物医疗、光学加密、国防军事等方面有着广阔的应用前景。目前，关联成像技术仍是国际物理学前沿研究热点之一。如何提高和改进成像方案，提升关联成像系统的性能等仍有待探索。在关联成像技术发展的关键时期里，必将充满挑战，但也必将充满机遇。

参考文献

[1] 国网山东省电力公司烟台供电公司. 电网设备光学检测技术及应用[M]. 北京：中国电力出版社，2018.
[2] 钱海. 特高压设备及其组成系统宽频电磁暂态特性[M]. 武汉：华中科技大学出版社，2019.